U0387017

智能科学技术著作丛书

鱼类行为语义模型与水质预警

肖　刚　程振波　毛家发　著

科学出版社
北　京

内 容 简 介

本书介绍了鱼类行为自动识别和建模所涉及的技术，以及如何利用鱼类行为的语义监测水质变化。主要内容涉及单条鱼、多条鱼和鱼群目标的识别与建模，鱼类行为的量化参数及语义建模，水质变化下的鱼类异常行为分析，以及城市饮用水质检测平台的典型案例和部署方案。

本书可为水环境、人工智能、计算机信息等方面的科研人员提供参考，也可作为水环境相关专业的研究生教材。

图书在版编目(CIP)数据

鱼类行为语义模型与水质预警/肖刚，程振波，毛家发著. —北京：科学出版社，2018.6

（智能科学技术著作丛书）

ISBN 978-7-03-057840-2

Ⅰ.①鱼… Ⅱ.①肖… ②程… ③毛… Ⅲ.①鱼类-动物行为-行为科学-研究 Ⅳ.①Q959.4

中国版本图书馆 CIP 数据核字（2018）第 129208 号

责任编辑：朱英彪 赵晓廷/责任校对：郭瑞芝
责任印制：张 伟/封面设计：陈 敬

科 学 出 版 社 出版
北京东黄城根北街 16 号
邮政编码：100717
http://www.sciencep.com

北京中石油彩色印刷有限责任公司 印刷
科学出版社发行 各地新华书店经销
*

2018 年 6 月第 一 版 开本：720×1000 B5
2024 年 1 月第二次印刷 印张：12 3/8
字数：249 000
定价：98.00元
（如有印装质量问题，我社负责调换）

《智能科学技术著作丛书》序

"智能"是"信息"的精彩结晶，"智能科学技术"是"信息科学技术"的辉煌篇章，"智能化"是"信息化"发展的新动向、新阶段。

"智能科学技术"(intelligence science & technology, IST) 是关于"广义智能"的理论方法和应用技术的综合性科学技术领域，其研究对象包括：

•"自然智能"(natural intelligence, NI)，包括"人的智能"(human intelligence, HI) 及其他"生物智能"(biological intelligence, BI)。

•"人工智能"(artificial intelligence, AI)，包括"机器智能"(machine intelligence, MI) 与"智能机器"(intelligent machine, IM)。

•"集成智能"(integrated intelligence, II)，即"人的智能"与"机器智能"人机互补的集成智能。

•"协同智能"(cooperative intelligence, CI)，指"个体智能"相互协调共生的群体协同智能。

•"分布智能"(distributed intelligence, DI)，如广域信息网、分散大系统的分布式智能。

"人工智能"学科自 1956 年诞生以来，在起伏、曲折的科学征途上不断前进、发展，从狭义人工智能走向广义人工智能，从个体人工智能到群体人工智能，从集中式人工智能到分布式人工智能，在理论方面研究和应用技术开发方面都取得了重大进展。如果说当年"人工智能"学科的诞生是生物科学技术与信息科学技术、系统科学技术的一次成功的结合，那么可以认为，现在"智能科学技术"领域的兴起是在信息化、网络化时代又一次新的多学科交融。

1981 年，"中国人工智能学会"(Chinese Association for Artificial Intelligence，CAAI) 正式成立，25 年来，从艰苦创业到成长壮大，从学习跟踪到自主研发，团结我国广大学者，在"人工智能"的研究开发及应用方面取得了显著的进展，促进了"智能科学技术"的发展。在华夏文化与东方哲学影响下，我国智能科学技术的研究、开发及应用，在学术思想与科学方法上，具有综合性、整体性、协调性的特色，在理论方法研究与应用技术开发方面，取得了具有创新性、开拓性的成果。"智能化"已成为当前新技术、新产品的发展方向和显著标志。

为了适时总结、交流、宣传我国学者在"智能科学技术"领域的研究开发及应用成果，中国人工智能学会与科学出版社合作编辑出版《智能科学技术著作丛书》。需要强调的是，这套丛书将优先出版那些有助于将科学技术转化为生产力以及对社会和国民经济建设有重大作用和应用前景的著作。

我们相信，有广大智能科学技术工作者的积极参与和大力支持，以及编委们的共同努力，《智能科学技术著作丛书》将为繁荣我国智能科学技术事业、增强自主创新能力、建设创新型国家做出应有的贡献。

祝《智能科学技术著作丛书》出版，特赋贺诗一首：

智能科技领域广

人机集成智能强

群体智能协同好

智能创新更辉煌

涂序彦

中国人工智能学会荣誉理事长

2005 年 12 月 18 日

前　　言

　　水为万物之需、生命之本，是地球上一切生命赖以生存的物质基础。但在经济腾飞、工业发展的同时，水资源也遭到了严重的破坏和污染。目前，世界各国都在为水污染防治的问题而困扰。为了有效保护流域的水质，尤其是保障饮用水的安全，我国陆续颁布了与水质保护有关的各类法规，以加强饮用水环境的安全保障。

　　要保障饮用水安全，除了加强对流域内各类排放的监管，还需要应对各类水污染突发事件，建立健全的水质预警监控体系，以便在污染事件发生后的第一时间对水体的污染做出反应。目前，世界各国普遍采用的水质监测和评价的方法大致可以分为两类：理化分析法和生物式监测方法。水质的理化分析法主要通过理化实验的方法对水体的各项指标进行测量，从而评估水质等级。在采用理化分析法监测水质时，会对其中水源水样的采集、样品保存和采样质量控制的基本原则、措施和要求都设置细致的规定，从而确保其监测结果的准确性。然而，采用这种方法监测水质耗时长，检测费用高，尤其是对于突发性污染事件难以做到及时预警。鉴于理化监测方法的不足，目前逐渐发展出生物式水质监测方法。生物式水质监测的原理是利用水生生物个体、种群和群落的数量、性质、健康状况、生理特征等的变化来表征水体质量的变化。

　　随着日益严重的农业与工业对饮用水的污染，尤其是更加频繁的水污染突发事件，利用生物监测技术建立水环境安全预警系统的方法得到了广泛的应用。生物式水质监测系统中的生物指示剂有藻类、原生生物、底栖生物和鱼类等，其中鱼类最为常用。在设计基于鱼类行为的水质预警系统时，需要准确并有效地提取和量化鱼类行为，构建鱼类行为与水质变化之间的映射关系。

　　本书将重点介绍构建基于鱼类行为的水质监测系统的若干关键技术问题。第1章主要介绍常见的水质监测方法和各类生物式水质监测产品。第2章通过分析单条鱼和鱼群体的行为与决策，介绍描述单条鱼和鱼群体的行为语义模型。第3章介绍鱼类目标识别与跟踪的常见方法。第4章针对单条鱼目标，介绍基于鱼尾摆动和游动轨迹的水质预警方法。第5章以鱼群体行为为对象，介绍量化鱼类群聚的常用量化参数和基于鱼类群体行为的水质预警方法。第6章介绍借鉴生物免疫系统机理，构建基于视觉驱动的水质预警免疫模型的方法。第7章针对基于鱼类行为的水质预警系统，从硬件和软件两方面介绍基于鱼类行为的水质监测系统的各个功能模块。

　　本书主要介绍水质快速预警的各类信息技术，可以为从事水务工作的科技人员和对水质预警感兴趣的信息领域的科研人员提供参考。对于从事水务工作的科技人员，期望能拓展他们对水质预警新方法的视野；对于对水质预警感兴趣的信息领域的科研人员，期望提供将信息技术应用于水质安全应用的新思路。鉴于生物式水质预警仍然是一个快速发展的科研领域，书中的内容难免挂一漏万，恳请读者批评和指正。

衷心感谢国家自然科学基金"生物群体行为语义模型研究及应用"（61272310）、浙江省博士后基金"水环境中药物残留对鱼类群体社交行为影响的理论模型"（BSH1502033）的资助。衷心感谢绍兴水务集团公司和萧山水务集团公司在示范应用方面给予的大力支持。感谢浙江工业大学陈久军、张永良副教授给予的支持。本书的许多内容得益于诸多研究生的努力工作，他们分别是周鸿斌、应晓芳、金章赟、陈勇、吴军、张迎霞、张文、黄珊珊、冯敏、李轶和邵腾飞。特别感谢高晶莹和唐文庆在文字编辑方面付出的努力。

由于作者水平有限，书中难免存在不妥之处，敬请读者批评指正！

作　者

2018 年 1 月

目　　录

第1章 绪   论

1.1 水体污染与水资源安全

水为万物之需，是地球上一切生命赖以生存的首要条件。但在经济腾飞、工业发展的同时，水资源也遭到了严重的破坏和污染。无论是农业灌溉时流失的化肥农药，还是肆意排放的生活污水和工业废水，都使得水体污染状况日趋严重[1-3]。目前，世界各国都在为水污染防治的问题而困扰，虽然中国在世界水资源总量榜上排行第六，但是人均水资源量却远低于世界平均水平，是严重缺水的国家之一。

全国水域的环境质量监测调查统计显示，我国江河水体普遍污染。从 1998~2007年的《中国水资源公报》中可以看到（图 1.1），失去利用价值的劣 V 类水的河流长度占总评价河流长度的比例呈上升趋势，由 1998 年的 16.9%上升到 2007 年的21.7%。而符合或优于III类水的河流长度的比例则在逐年下降，其中III类水的河流长度由 1998 年的 33.0%下降到 2007 年的 27.2%。

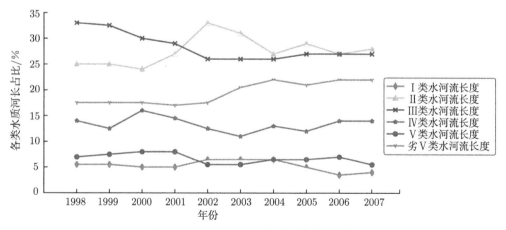

图 1.1   1998~2007 年中国河水质量状况

在我国水体环境总体质量下降的同时，水污染事件也频频发生[4]。自 2004 年以来，几乎每年都有几起重大的水污染事件发生[4, 5]，如表 1.1 和表 1.2 所示。据调查，仅 2005~2007 年间，我国共发生 140 多起水污染事故[6]。

特别是 2010 年 7 月全球 500 强企业紫金矿业的铜酸水泄漏事故，造成汀江部分水域严重污染，下游大量鱼类死亡，严重影响了人们的生活。而 2013 年可谓是水污染事件暴发年, 山西长治苯胺泄漏事故造成山西沿途 80km 河道停止人畜饮用自然水; 昆明东川小江变 "牛奶河" (黄原酸盐) 事件造成了水体和土壤污染, 危害水生物, 淤塞河流、湖泊; 北京密云水库上游存在垃圾填埋坑, 威胁水源水质; 贵阳母亲河 "南明河" 附近的玻璃厂、水泥厂直接将机油排放进河里, 河水受到严重污染, 严重影响庄稼收成和村民饮水安全; 华北平原浅层地下水综合质量整体较差, 几乎不存在 I 类地下水; 广西贺江的水污染 (镉超标, 铊超标) 事件导致被污染河段约 110km, 影响了沿线饮用水的安全等 [2, 6]。根据中国疾病预防控制中心突发公共卫生事件信息管理系统的数据, 2004~2015 年有 126 起报告的水污染事件。

表 1.1   2004~2007 年我国部分重大水污染事件

2004 年	2005 年	2006 年	2007 年
四川沱江水污染	松花江重大水污染事件 广东北江镉污染事故	白洋淀死鱼事件 湖南岳阳砷污染事件	太湖蓝藻水污染 巢湖、滇池蓝藻暴发

表 1.2   2009~2012 年我国部分重大水污染事件

2009 年	2010 年	2011 年	2012 年
盐城酚类污染 内蒙古大肠杆菌超标 太湖蓝藻暴发	陕西洛河污油泥事件 福建汀江铜酸水泄漏 巢湖蓝藻暴发	杭州新安江苯酚泄漏 渤海油田泄漏 珠江水浮莲暴发	广西龙江镉污染 江苏镇江苯酚泄漏 广州巴河镍污染

水污染事件的频发, 深刻地说明了目前的水污染形势日益严峻。水污染造成的影响是巨大的, 全国水污染依然较重, 大范围的地表水、地下水被污染, 并通过大气污染、渗透等方式, 蔓延影响到饮用水水源, 直接影响了饮用水水源的水质, 威胁人们的饮水安全。此外, 2014 年第一季度, 我国环境保护部发布了首个全国性的大规模研究项目 "中国人群环境暴露行为模式研究" 的结果, 我国有近 2.5 亿居民的住宅区靠近重点排污企业和交通干道, 近 2.8 亿居民使用不安全饮用水 [7]。

水污染不仅加剧了水资源的紧张状况, 也直接影响了人类的饮水安全, 危害人类的健康。人饮用被污染的水后, 大脑皮层运动区、感觉区和视听区都会受到损害, 严重的会造成运动、言语、情绪和性格的障碍 [8]。人们在长期饮用受重金属污染的水体后, 疾病高发, 癌症发病率和死亡率增加。例如, 汞主要侵害人体的神经系统, 破坏小脑, 典型的疾病有日本的水俣病; 砷能影响人们的消化系统和神经系统, 并引起皮肤癌, 例如, 阿根廷科尔瓦多省居民长年饮用被砷污染的水, 得膀胱瘤的概率异常高; 铅同样能影响人们的神经系统, 尤其是儿童在饮用含铅的水之后会出现各种器官功能的失调 [9]。水体中除了重金属污染, 还存在许多其他的污染, 如酸碱污染、其他化合物污染等 [10]。污染物的性质不同, 其导致的行为表现也不同，例如，饮用二硫化碳污染的水体后，人会出现视力减退、思路不清楚、性格变化等现象[8]。

此外，新的微污染如合成类化合物（如抗生素、消毒剂、合成内分泌干扰物和避孕药）等会导致人生理上的急性病变甚至死亡，会对儿童身体发育、个人生殖健康、精神状态乃至心理产生不良的影响[11-14]。2012 年起，复旦大学的王和兴等对江浙沪地区学龄儿童的尿样进行检测，发现近 80% 的学龄儿童尿液中含有多种兽用抗生素、双酚 A[13]。这些抗生素与饮用水污染有关，同时抗生素暴露与儿童超重或肥胖有正相关关联[15]。除了抗生素外，在我国长三角地区的水域中还检测出各类内分泌干扰物[16, 17]。这些水环境中的微污染有机物含量较低，很难分解，检测难度大。经过食物链富集作用，这类物质在人体中长期积累，就会影响人的内分泌、免疫和神经系统，对人的心理和生长发育造成危害[11, 14, 18, 19]。

饮用受污染的水还会严重危害人们的心理健康[20]，使人们处于一种不安全、不健康的生活环境中。清澈的河水、蔚蓝的大海使人们心情舒畅，能感受到一种纯洁的美；而浑浊恶臭的河流、泥沙漫天的江湖使人们望而生畏。这些感受是直接从视觉上获得的，心理影响也是很容易体验到的。而水体污染更多的影响是使人们饮用受污染的水后发生心理疾病。近百年来，大规模水体污染已发生了数次，每次都给经济带来严重损失，使人们产生恐慌的情绪、承受一定的精神压力，影响着人类的心理健康。世界卫生组织的统计资料表明，随着环境的污染，尤其是水环境的污染，越来越多的人因为喝不到健康的饮用水而患上忧郁症，精神病的发生率逐年上升，政府的公信力逐年降低。锰污染环境导致的心理异常现象也是显而易见的。在锰矿工人中，有些人时常神志呆滞，莫明其妙地发笑，精神时而冷淡、时而亢奋，同时伴有语速缓慢、口齿不清、语言障碍、语无伦次等特征，素质及体质都会发生较大的变化[8]。据研究，目前有 50 多种不同性质的环境污染会对人的心理健康产生影响[21]。

水资源污染的原因多种多样，如现代工业废水的乱排放、城市生活垃圾的乱倾倒、农村农药的肆意喷洒、人口数量的几何增长等，造成本来已经稀缺的淡水资源加剧短缺。据统计，目前水中污染物已有 2200 多种，主要为有机污染物、溶解性污染物，其中自来水中有 700 多种，大部分对人体有害甚至致癌。在我国，平均 10 个人中只有 1 个人饮用的水符合我国卫生标准，而高达 65% 的人饮用的水中含氟、砷，受工业污染。据联合国预测，全世界每年约 500 万人死于水污染引起的疾病，世界卫生组织于 2002 年 10 月公布了威胁人类健康的十大杀手，水污染位列其中。而在我国，水资源危机造成的损失总计占到国内生产总值的 2.3%。由此可见，水资源已经成为我国生态环境的首要问题[1]。

针对越演越烈的水污染事件以及人们对健康饮用水的迫切需求，2015 年 4 月国家正式出台水污染防治行动计划，目的是加强饮用水环境安全保障，推进重点流域水污染防治,有序推进湖泊休养生息。因此,准确认识我国水污染现状,强调其危机感与紧迫感,加大水污染监控与研究资金的投入,对改善中国水污染现状有着积极意义。水污染防治,重点在于"防",避免水污染事件,在水污染事件发生后第一时间做出反应和提出相应的对策,是现如今急需解决的课题。因此,如何有效地防止水体污染、监控水体质量、建立有效的饮用水污染预警关键技术是迫在眉睫的问题。

1.2　常见水质监测方法

针对亟待解决的水体污染问题,为更好地开展水体防治工作,世界各国都制定了不同的水质基准。水质基准 (water quality criteria, WQC) 全称为水环境的质量基准,是指环境中污染物对特定对象不产生有害影响的最大剂量或浓度,是评价、预测、控制与治理水体污染的重要依据 [22]。随着对水质基准的不断研究,对水质基准概念的理解也在不断深化。水质基准主要有几种不同的分类方法:一是针对不同的保护对象,分为以保护人体健康为目的的水质基准和以保护水生生物及野生动物为目的的水质基准;二是针对不同的水体功能,分为饮用水水质基准、休闲用水水质基准、渔业用水水质基准、农业用水水质基准和工业用水水质基准等;针对不同的水质基准制定原理,分为毒理学基准和生态学基准 [23]。

根据《中华人民共和国水污染防治法实施细则》及《饮用水水源保护区污染防治管理规定》,各地方政府都开始重视饮用水的安全,并对饮用水源地保护规划了具体的工作路线,如图 1.2 所示。对于水质"预警监控体系建设工程"部分,目前普遍采用的水环境监测和评价的方法大致可以分为两类:理化分析法和生物式监测法。

1.2.1　水质的理化分析法

根据我国饮用水标准,饮用水需通过人工方式定期对采集的水体样本的 pH、含氧量、总磷总氮含量、重金属含量、有机物含量等多项指标进行化学方法的定量检测,综合分析检测结果,再对水质进行评价。这种人工定期采样、定量检测的方法就是理化分析法。这类监测方法具有较强的针对性,灵敏度高,可以对水环境内的危险化合物的种类及含量进行严谨、准确的定量分析,为水环境评价和水污染事件鉴定提供可靠的依据。

理化分析法监测水质的流程如图 1.3 所示。《生活饮用水卫生标准》(GB 5749—2006)自 2007 年 7 月 1 日起实施,该标准是在《生活饮用水卫生标准》(GB 5749—1985)的基础上修改而成的,包括生活饮用水水质卫生规范、生活饮用水输配水设备及防护材料卫生安全评价规范、生活饮用水化学处理剂卫生安全评价规范、生活饮用水水质处理器卫生安全与功能评价规范、生活饮用水集中式供水单位卫生规范、饮用水卫生安全产品生产企业卫生规范和生活饮用水检验规范。

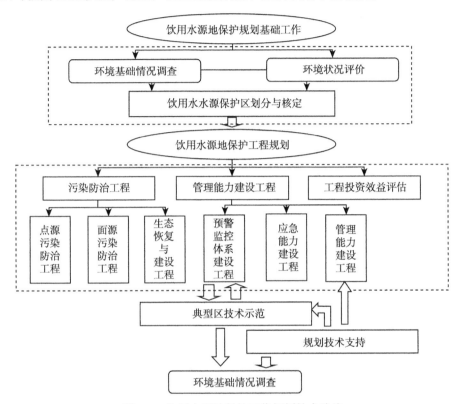

图 1.2 饮用水源地保护工作规划技术路线

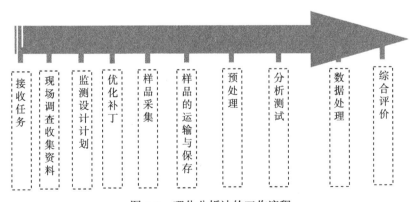

图 1.3 理化分析法的工作流程

为防止介水传染病的发生和传播,要求生活饮用水不含病原微生物。水中所含化学物质及放射性物质不得对人体健康产生危害，要求水中的化学物质及放射性物质不会引起急性和慢性中毒及潜在的远期危害（致癌、致畸、致突变作用）。水的感官性状是人们对饮用水的直观感觉，是评价水质的重要依据。生活饮用水水质标准共 106 项。其中，感官性状和一般化学指标有 20 项，毒理指标中无机化合物有 21 项、有机化合物有 52 项，放射指标有 2 项，消毒剂指标有 4 项，微生物指标有 6 项。各项指标主要如下。

(1) 主要微生物指标：不得检出总大肠菌群（MPN/100mL 或 CFU/100mL）；不得检出耐热大肠菌群（MPN/100mL 或 CFU/100mL）；不得检出大肠埃希氏菌（MPN/100mL 或 CFU/100mL）。

(2) 主要毒理指标：砷 0.01（mg/L），镉 0.005（mg/L），铬 0.05（六价，mg/L），铅 0.01（mg/L），汞 0.001（mg/L），硒 0.01（mg/L），氰化物 0.05（mg/L），氟化物 1.0（mg/L），硝酸盐 10（以 N 计，mg/L）等。

(3) 主要性状和化学指标：色度 15（铂钴色度单位），浑浊度 1（NTU，散射浊度单位），无肉眼可见物，pH 不小于 6.5 且不大于 8.5 等。

(4) 感官性状和一般化学指标：氨氮 0.5（以 N 计，mg/L），硫化物 0.02（mg/L），钠 200（mg/L）等①。

以上指标中，微生物指标常采用培养基菌落计数法，毒理指标则采用原子吸收或 ICP、分光光度法和离子色谱等方法。感官性状和一般化学指标的检测方法主要有比色法、散射法或比浊法、嗅气和尝味法、pH 玻璃电极、酸性高锰酸钾滴定法和分光光度法等。

水样采集后需要尽快送检，否则会发生生物、化学和物理等作用，具体如下。

(1) 生物作用：细菌藻类及其他生物体的新陈代谢会消耗水样的某些组分，产生新的组分，改变一些组分的性质。生物作用对样品中待测的一些项目，如溶解氧、二氧化碳、含氮化合物、磷、硅等的含量和浓度产生影响。

(2) 化学作用：水样各组分间可能发生化学反应，从而改变某些组分的含量和性质，例如，溶解氧和空气中的氧能使二价铁、硫化物氧化，聚合物可能解聚，单体化合物也可能聚合等。

(3) 物理作用：光照温度、震荡、敞露和密封等保存条件及容器材质都会影响水样的性质。例如，温度升高或强震荡会造成一些物质，包括氧、氰化物及汞等的挥发；长期静置会使 $Al(OH)_3$、$CaCO_3$、$Mg_3(PO_4)_2$ 等沉淀。另外，某些容器的内壁能不可逆吸附或吸收一些有机物和金属化合物等。

为了确保检验结果的准确性，我国还颁布了《生活饮用水卫生标准检验方法》（GB/T 5750.2—2006）。其中，对生活饮用水及其水源水样的采集、样品保存和采

---

① 以上指标在未注明的情况下均为上限值。

样质量控制的基本原则、措施和要求都有详细的规定。要求一般清洁水样保存时间以不超过 72h、轻度污染水样不超过 48h、严重污染水样不超过 12h 为宜。

通过以上理化分析，能够准确地检测出目标污染物的种类和含量。但是，得到一份检测报告的时间约为 7 天，检测其中 35 项指标的费用约为 3000 元。因此，采用理化分析检测水质耗时长，检测费用高，尤其对于突发性污染事件难以做到及时预警。

1.2.2　水质的生物式监测法

为了解决理化分析法的不足，目前已逐渐发展出基于生物指标的水质监测法。生物监测的原理是利用水生生物个体、种群和群落的数量、性质、健康状况、生理特征等的变化来表征水体环境质量的变化，阐明环境污染状况，从生物学角度为环境质量监测和评价提供依据[24]。生物监测分为被动生物监测（passive biomonitoring, PBM）和主动生物监测（active biomonitoring, ABM）两种形式[25]。PBM 是利用生态系统中天然存在的生物体、生物群落或部分生物体对环境污染的响应、指示和评价；ABM 是在控制条件下将生物体移居至监测点进行生态毒理学参数的测试[26]。ABM 可以提供污染环境生物效应的综合观点，用于评估和预测污染胁迫下的水体环境的变化。

1. 水污染指示物

能够指示水质污染的水生生物称为水污染指示物，是指在一定的水质条件下生存、对水体环境质量的变化反应敏感而用来监测和评价水体污染状况的水生生物[27-29]。常用的水污染指示物有以下几类。

(1) 原生生物：自然水体环境中重要的生态群体之一，生活环境广泛，种类繁多且复杂。这些种类聚集在一起组成了水体环境中一个完整的生态单元，可以显示整个水体环境中的生态结构和许多功能特征，水体环境的变化会影响群落的稳定性等特征。由于原生生物生活在水体环境生态系统中不同的生态层次，其群落结构等特征的改变在一定程度上可以影响食物链结构的组成，从而直接或间接地影响食物网中其他生物种群的分布和数量。根据草履虫对不同水体环境的趋化性特征，林丽明等[30]利用实验分析其游动到实验水样区域的数量来判断水体环境的毒性大小、水体污染程度。吴伟等[31]研究了四膜虫对致突变阳性物质的敏感反应，以及其效应与剂量的关系。Schultz 等[32]研究了不同化学毒性物质对群体生长变化的影响，以四膜虫为指示生物，建立了生物模型的定量构效关系。Al-Chalabi 等[33]在实验中发现四膜虫胞内蛋白质水平随水体中的林丹浓度变化的敏感性要高于其他分子。

(2) 底栖生物：主要分为软体动物、水生昆虫类、淡水寡毛类等甲壳动物等。底栖生物由于体型相对较大、行动能力较差、生活时间长、分布广泛、易于辨认等特点，已经成为生物监测的主要指示生物之一。其中，贻贝是一种底栖类海洋生物，分布广泛，因此是海洋污染监测的常用指示生物。Widdows 等 [34] 在评估美国罗德岛湾的污染状况时研究了罗德岛湾中重金属和石油烃等污染物质对贻贝的生长效率、生长指数和氧氮比例的影响，结果表明，随污染物的增加，这些贻贝特征都降低。Lowe 等 [35] 对贻贝的实验表明，污染物质会导致贻贝消化细胞中的次生溶酶体增大和上皮细胞组织结构发生异常。阎铁等 [36] 研究了有机磷 (敌敌畏) 污染和西维因 (氨基甲酸酯) 农药对贻贝鳃的组织中的乙酰胆碱酯酶 (AchE) 活性的影响，实验证明该酶的活性可以作为海洋农药污染的监测生化指标。除了贻贝，底栖生物中的水生昆虫类也常被选作水体污染的指示生物，用来评价海洋、湖泊等水体的污染状况 [37]。

(3) 藻类：作为指示生物主要与富营养化作用的研究相关联。藻类是各种水体中常见的生物群体之一。藻类广泛存在于自然界的各种水体之中，具有个体小、繁殖快、对毒物敏感且易于分离、培养等特点并可直接用来观察细胞水平上的中毒症状。据统计，在用于指示水质的生物中，按种类统计藻类占第二位，其种类组成、现存量、多样性等指标可以很好地反映出水体的富营养水平，在水质评估中得到了广泛的应用 [38]，对此也有了大量的研究。德国藻类学者 Kolkwitz 等 [39] 在 1909 年就提出了利用藻类进行污染监测的方法，并针对水体污染程度的不同进行分类。赵怡冰等 [29] 对 1961 年和 1994 年大伙房水库的水质变化状况进行了分析，发现藻类优势种群的变化能较好地反映水质评价结果。运用藻类监测指标能综合反映环境污染对整个生态系统的影响，直接观测污染物对生物体的危害。有些藻类的高度敏感性能够对较低浓度的污染做出反应，可用于早期预报。然而，由于运用藻类生物监测生物的费时较长，需要监控人员有较好的专业知识，且藻类作为指示物只能进行定性的描述，难以制定详细的水质标准。

(4) 两栖类：在所有的生物中比较特殊，具有独特的水陆两栖生活周期，可以用作陆地和水体污染监测的指示生物 [40]。另外，两栖动物用皮肤进行呼吸的生理特性使皮肤的渗透性较强，具有较强的污染物质累积作用，同时对水体环境变化具有很强的敏感性，因此是环境变化生物监测极好的指示生物物种。徐士霞等 [40] 研究了水体中污染物质对两栖动物形态的影响，指出对水体污染的指示作用，并总结出当水体遭受污染时其形态上的表现：① 躯体收缩，呈现出 S 形；② 眼睛突出，同时口和鼻孔大张；③ 皮肤透明，表面出现许多泡状瘤，色素部分脱落或完全脱落；④ 微弯曲，肌肉萎缩；⑤ 头部膨大，体重减轻等。根据两栖动物的这些受害症状表现，可以定性分析水体中污染物质的种类和污染程度。

2. 基于生物指标的水质监测法

基于生物指标的水质监测法主要利用生物的成分、个体、种群和群落对其所生存的环境遭到破坏所产生的一系列反应特性来评估环境的好坏。主要检测方法有如下几种。

(1) 生物群落法：主要利用水中生活的各种水生生物的群落结构、种类和数量的变化来反映水质污染状况。按照预先设定的采样、检验、计数方法获取各生物类群的种类和数量，根据污水生物系统法或生物指数法来评价水体污染状况。

(2) 细菌学检验法：由于细菌能在各种不同的环境中生长、繁殖，如地下水、地表水甚至雨水和雪水等，当水体受到生活污水、人畜粪便、工农业废水污染时，细菌会大量繁殖。因此，可以利用细菌的这一特性对水体污染状况进行监测。

(3) 水生生物急性、毒性实验：进行水生生物毒性实验是目前应用较多的水质毒性的测试方法。可以利用的生物包括各种鱼类、藻类等，其中以各种鱼类的实验反应应用比较广泛。因为鱼类对水体环境的变化十分敏感，当水体中的污染物质达到一定浓度时，就会引起鱼类中毒的一系列反应。鱼类急性、毒性实验的主要目的是寻找水体各种污染物质的综合毒性、工业废水的毒性对鱼类的半致死浓度和安全浓度，监测水体的污染程度，检测水处理效果以及水质的达标情况。

(4) 生产力测定法：利用水中植物的叶绿素含量、光合作用能力，以及固氮能力等指标的变化来反映水质的状况。当水被污染后，水中植物的这些生产能力就会受到影响而发生变化。此外，水中生物对污染物质具有积累和放大的作用，用理化检测方法测定体内有害物质的含量和分布情况，可以掌握水中污染物的积累、分布和转移规律。

(5) 微型生物监测法：利用泡沫塑料块来收集水中微型生物群落，测定该群落结构和各种功能参数，以评价水体污染情况。通过室内毒性实验的方法，可预报工业废水和化学物品对水体中微型生物群落的毒性强弱。该方法适用于监测野外池塘、水库、湖泊和溪流等淡水水体，室内的毒性实验可以对工厂废水、生活污水等综合水质进行评估。

(6) 分子生态毒理学法：利用现代分子生物学技术与方法，研究污染物质对生物细胞内蛋白质、酶、核酸等大分子物质的毒性作用，对个体、种群、群落或生态系统水平上的影响做出预报，具有很大的评估预测价值。目前最常用的方法是把腺苷三磷酸酶作为生物学标志，测定生物体内腺苷三磷酸酶的活性，以其活性的强弱作为多种污染物胁迫的监测指标。

除上面描述的方法之外，还有硝化细菌法、幼虫变态实验和发光细菌毒性检测法等。

3. 生物监测法的特点

生物监测法具有以下特点[27,41-46]。

(1) 反映长期的、综合的污染效果。环境对生物的作用是一个长期的过程，而环境污染的后果很多时候是隐性、长期、综合性的。理化监测只能测定水质在采样时刻的污染情况,很多污染后果是理化监测无法辨识的,而生活在一定区域内的生物可以将长期的污染状况反映出来。因此,长期连续的生物监测比理化分析法的定时采样更能全面地反映水环境长期污染的效果。

(2) 效果更加敏感可靠。某些监测生物对一些污染物非常敏感,它们能够对这些精密仪器都不能检测到的污染物产生反应,并表现出相应的受损伤效应。另外,生物处于生态系统中,它们可以通过食物链把环境中的微量有毒物质进行富集,以提高污染物在生物体内的浓度。

(3) 生物监测功能多样化。与理化监测相比,生物监测更具多功能性,因为一种生物可以对多种不同的污染物产生反应而表现出不同的症状。

(4) 便于综合评价。理化监测只能检测特定条件下水环境中污染的类别和含量等,而生物监测可以反映出多种污染物在自然条件下对生物的综合影响,从而可以更加可观、全面地评价水环境。

(5) 易于创建数字化反应体系。与理化分析相比,生物监测法不需要特殊分析试剂,成本低廉,更易实现连续实时的在线监控。

1.3　基于鱼类行为分析的水质监测方法

在生物式水质检测方法中,尽管待选生物种类很多,但鱼类是最早被用于水环境污染的生物监测和预警的。欧美、日本和加拿大等国家和地区较早地把鱼类作为水质监测的指示生物[47-50]。早在 1929 年,Bdding 就根据鱼的呼吸变化来指示环境污染毒性状况。1946 年,Davis 等把食蚊鱼作为指示鱼进行废水毒性的现场实验,把食蚊鱼放在尼龙网袋内,放到待实验的河水中,如果食蚊鱼在 4~5 天内死亡,则说明水质有污染。

鱼类是终生生活在水中、用鳃呼吸的脊椎动物。在水生动物中,它的个体较大,形态色泽各异,行动反应敏捷,对天敌、毒物有强烈的回避反应。当水体受到污染后 (或生态环境发生变化),鱼类会在以下方面发生变化。

(1) 生活习性方面:游泳能力、回避行为、群集性、择温性和条件反射能力等各种鱼类行为的变化可以用在自动化的连续监测系统中;其活动形式的变化,可用于监测重金属污染;其游泳行为的变化,可用于监测热污染。

(2) 生理活动方面:鳃盖运动频率、咳嗽频率、呼吸频率、呼吸代谢、胚胎发育、生长率、摄食量与能量转换率、抗病力、代谢率、神经内分泌活动等发生变化。呼吸频率和咳嗽频率的变化,可用于监测重金属、农药和造纸废水等。

(3) 生理、生化指标方面:可引起血液指标、血清蛋白电泳、血糖水平、胆汁乳酸盐的氧化、核酸核糖的代谢水平、五种肝脏酶、琥珀酸脱氢酶等活性发生变化。

鱼类毒理学变化可用于污水排放标准的制定。

(4) 生态群落结构方面：种类组成、数量变动、群落组成、鱼类区系分布、摄食强度及年龄结构、产量、死亡率等发生变化，可用于指示水体受污染程度和级别。

正是鉴于以上这些特点，以鱼类作为生物载体的生物水质在线系统被多个国家的学者研究开发出来，并应用到实际水质环境中。通过对现有的系统进行分析，利用鱼类作为指示生物的预警系统通常采用以下常见的指标。

(1) 以鱼死亡为终点的指标：严重的污染事故，如剧毒化学物质、石油等的泄漏，导致鱼在短期内因缺氧或神经受损等而死亡。鱼体死亡现象的发生表明水质急剧恶化，应尽快查明污染源并控制污染的扩散。

(2) 鱼类的正趋流性指标：生活在流水环境下的鱼类在运动上都有一个特性，即总是逆水游动，趋向于水质清澈的一端游动，这种特性定义为正趋性，也称趋清性。当水质被破坏时鱼的这种特性就会被打破，因此可以通过特定的仪器监测鱼的这种游动来进行水质监测。

(3) 鳃呼吸指标：鳃呼吸对污染物比较敏感，0.5h 内可检测出接近半致死浓度的污染物，亚致死浓度的污染物可在 24h 内检出。在有污染物存在的情况下，鱼鳃呼吸频率加快且无规律。在研发初期，将检测电极直接安装在鱼鳃上，监视当前呼吸频率并将结果与之前 1h 或 2h 的平均呼吸频率比较，如果出现差异，则表明发生了污染。目前常用的方法是在容器壁上装双电极，不仅可以测出呼吸频率，还可以获得呼吸强度、心跳速度等信息。

(4) 弱电脉冲指标：*Mormyriden* 和 *Gymnotiden* 等科的鱼能够周期性发生弱电脉冲。脉冲频率与种类有关，但在污染达到一定程度后，鱼体运动和弱电脉冲频率均下降。因此，可以根据这种弱电脉冲的变化来对污染事件进行预警。

1.3.1　水体污染物对鱼类行为的影响

暴露在农药污染的水环境下，鱼类会发生各种异常的生理和行为上的变化。研究发现，有机磷杀虫剂毒死蜱对斑马鱼幼体有免疫毒性，会引起发育异常、脊柱畸形、心泡水肿等，显著影响个体对光暗刺激下的游动行为[51]。草鱼暴露于 1g/L 甲氰菊酯试液中，会出现几个阶段的症状：暴露 2h 后开始躁动，上蹿下跳，呼吸频率加快，咳嗽；4h 后游动缓慢，失去平衡；5h 后身体颤动，发生痉挛；7h 后便沉入水箱底部，仅鱼鳃能微微张开，接近死亡。暴露 1h 后发现，鱼鳃由正常的红色变为紫色，且发生瘀血现象，这严重影响草鱼与环境进行气体交换的能力；3h 后，鱼鳃分泌黏液增多。随着甲氰菊酯浓度的增加，草鱼也加快表现出中毒行为[52]，与拟除虫菊酯及速灭杀丁（Fenvalerate）对虹鳟的急性毒性实验类似，都表现出神经中毒症状。鲢鱼、鲫鱼、草鱼的幼鱼暴露在不同浓度梯度的除草剂——草甘膦下（草甘膦是一种低毒、高效、广谱和内吸收传导非选择性叶面喷施的芽后除草剂，是当今世界上生产量最大的农药，销售值已超过 20 亿美元。它不仅被使用于农田，也用于非农田，如家庭庭院、花园、工业、铁路及公路、森林、湖泊等），初期表现为剧烈的游动、呼吸的急促等明显的逃避行为，浓度越高越明显；长时间后出现不同程度的侧翻、仰游现象，并浮于水面，对外界刺激反应微弱，最后死亡[53]。此外，暴露在草甘膦环境下，鱼游速增大，尾巴摆动频率增加，频繁地撞击鱼缸壁，头部紧贴着鱼缸壁快速地扭动身体并不断游动[54]。结果说明，暴露在被草甘膦污染的水环境中，鱼类个体会表现出逃避行为。

类似地，暴露在被重金属污染的水环境下，鱼类的生理和行为也会发生变化。短期接触重金属，鱼类的外部感受器官会受影响。彩虹鱼幼鱼暴露在含有 50mg/L 铜纳米粒子和硫酸铜的环境中 12h 后，对报警物质的反应较正常情况有所减少[55]。结果说明，铜离子会影响鱼类的嗅觉，使得鱼类丧失对报警物质的反应。水环境中的铜离子会对鱼类的呼吸造成影响。暴露于不同浓度的铜离子液体（0 0.6 mg/L）中 48h，日本青鳉鱼的呼吸节奏有一个下降趋势，然后在低频率周围反复波动，而死亡之前呼吸频率缓慢上升一段时间[56]。鱼类长期接触重金属，重金属会在其体内聚集。镉会在鱼类的肝脏和卵巢中富集，损坏鱼类的重要感官。暴露在含有镉 (1g/L、2.5g/L、5g/L) 的水环境中，黑头呆鱼的生殖特性会降低，对外界反应更加不敏感[57]。

医药品和个人护理品中常见的杀菌类药物（如卡马西平、双氯芬酸、三氯生等）也会影响日本青鱼的摄食行为和游动速度[58]。抗焦虑药物（如苯二氮䓬等）会改变鲈鱼的活动量和摄食行为，使得鲈鱼变得更加活跃，更不合群[59]。抗抑郁药物（文拉法辛）会改变生态环境中欧亚鲈鱼的觅食行为，一些情况下会降低其捕食率[60]，或者增加其捕食某类食物的时间[61]。孔雀鱼受到抗抑郁药（西酞普兰）的影响后，雄性鱼焦虑行为增加，雌性鱼底部的冻结行为增加[62]。地表水中的氟西汀（药物百忧解的主要成分）对呆鲦鱼的繁殖、进食和回避捕食者的相关行为产生影响[63]。

水体污染物除了对单条鱼行为造成影响，还会对鱼群的行为产生重要影响。鱼群是一个具有自组织的模型，能够自发产生极化模式和自发产生结构的有机体[64]。Stien 等通过一种新的目标检测方法，分析鱼群在垂直方向上的分布模式[65]。Kurta 等发现斑马鱼在低酒精浓度下鱼群紧密度提高，鱼群所占面积减小，而在高酒精浓度暴露下鱼群所占面积增大[66]。Grossman 等发现斑马鱼在麻醉药暴露下，更倾向于在实验水槽的上部游动，且平均鱼间距增大[67]。在这些常规的数据基础之上，生物学家及环境学家研究了环境水质变化对鱼群社会行为的影响，如集群、追尾、攻击和摄食等。鱼群的社会行为繁杂多变，不同种类或同种鱼类的不同性别和年龄都可能表现出不同的社会行为。其中集群是鱼群社会行为最重要的行为特征之一，大多研究都是从鱼群内部结构变化的角度进行的。Ruhl 等研究了不同性别的斑马鱼幼鱼的群聚性，发现雄性斑马鱼幼鱼相较于雌性斑马鱼幼鱼更倾向于群体活动；雄性斑马鱼幼鱼对鱼群大小不敏感，而雌性斑马鱼幼鱼更喜欢在鱼群数目较大的群体中活动 [68]。Salierno 等对鱼群进行连续 4 天的监测，分析了鱼群的速度、平均鱼间距和鱼间角度等特征值，发现鱼群在第 1 天时群聚效应明显，后面 3 天相对第 1 天有减弱，且每天不同时间段的群聚性也不同 [69]。Chew 等将实验槽中的鱼进行分群，判断鱼群中的"领导者"和"跟随者"，同时监测鱼群的水平分布状况 [70]。Buske 等通过实验监测不同年龄段 (8 天、20 天、30 天、40 天、60 天、70 天、120 天、170 天) 的斑马鱼之间的平均鱼间距，分析斑马鱼的年龄对其群聚性行为的影响，发现平均鱼间距随着年龄的增大而减小 [71]。Green 等通过分析不同鱼群数目的平均鱼间距变化和亲密时间来制定水质标准警戒线 [72]。Papadakis 等通过 24h 的 6 天视频监测，发现鱼群养殖密度对鱼类攻击行为的影响，密度越大，攻击行为越频繁 [73]。

环境变化引起鱼类行为的变化表现在两个方面：一是环境变化刺激生物感受器官，引起回避或者吸引行为；二是环境中某些物质引起鱼类内分泌异常，影响神经功能，或导致生物机体发生病变，从而导致行为层面出现异常情况。此外，鱼类行为的变化同时也会产生反馈，进而对环境造成影响，如图 1.4 所示。

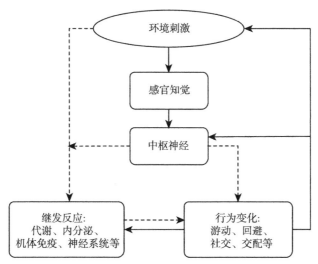

图 1.4　环境影响和生理调节作用下鱼类的行为反应 [74]

鱼类行为变化的反应机理十分复杂，涉及感官系统、神经系统、免疫系统和代谢系统等的综合作用，且受到鱼的种类、毒物类型和暴露环境等多种因素的影响 [74, 75]。鱼的大脑神经递质水平和酶活性与其行为变化关系密切。污染物通过对鱼类大脑乙酰胆碱醋酶活性的抑制，阻碍神经–肌肉的兴奋传递作用，导致其游动速度、摄食、社交和对捕食者回避等行为发生变化。Beauvais 等 [76] 和 Brewer 等 [77] 证明在二嗪农、马拉松等有机磷农药的暴露下，由于大脑活性被抑制，鱼的游动速度不断降低。嗅觉能力的损伤也是导致行为变化的原因，镉、锌和铜等多种金属能够进入鱼的嗅觉系统而引起细胞死亡或者干扰正常的嗅觉功能, 并通过神经元突触传递作用或穿过血脑屏障进入大脑等其他组织器官 [78]。Beyers 等研究表明, 科罗拉多鲤鱼在铜的暴露下其行为发生明显改变, 这一变化与带纤毛的嗅觉受体细胞的减少给嗅觉器官造成的损坏有关 [79]。

水质变化会造成鱼类血清蛋白、血液指标、血糖水平、核酸核糖的代谢、胆汁乳酸盐的氧化、琥珀酸脱氢酶活性和五种肝脏酶等的变化, 也会影响骨骼成分、组织再生能力、形态变化和血脑屏障能力等 [74, 75]。需要特别指出的是, 污染物还会对鱼群的繁殖、迁移、捕食和社交等行为产生影响, 这些行为又反过来影响环境的变化。因此, 水体污染与鱼类行为是一个相互影响的过程。

1.3.2　用于监测水质的常用鱼

20 世纪 80 年代, 国际标准化组织 (ISO) 推荐使用斑马鱼、青鳉鱼、蓝鳃太阳鱼、黑头软口鲦和孔雀鱼来检测淡水的水质 [80]。常用于鱼类监测系统的指示鱼有斑马鱼、孔雀鱼、剑尾鱼、青鳉鱼和金鱼等。

1. 斑马鱼

斑马鱼是我国生物水质监测中使用的标准鱼类 (图 1.5), 也是生命科学研究中比较重要的模式生物之一, 它作为生物监测领域中的指示生物有着重要的应用。在国外, 对斑马鱼的研究起源于 20 世纪 70 年代, 主要用于环境中铅、汞、硒、镉、钴、铜、铁、镍、锌、铬及有机物环己胺、苯胺、苯酚及其衍生物等化学物的累积效应的研究。90 年代初, 斑马鱼开始被应用于混合化合物的检测以及其中一种化学物相对于其他化学物的生物累积效应的研究。利用斑马鱼可以比较方便地对多种环境污染物 (其中包括致癌物质) 进行短期或者长期的暴露反应实验研究。环境污染物的慢性生物学效应的评估鉴定可以利用斑马鱼的整个生命周期进行实验, 监测斑马鱼的生长抑制情况、发育毒性、生殖毒性、神经行为毒性和死亡率等。

图 1.5　斑马鱼

2. 孔雀鱼

孔雀鱼产于南美洲的委内瑞拉及西印度群岛等地，是属花鳉科的一种小型观赏鱼，如图 1.6 所示。孔雀鱼具有以下特性：易于饲养管理，性情温和，适应性强，对水的环境要求较低，pH 为 7~8，生长的温度要求为 22~24℃，最低可耐受 16℃。它对水的硬度要求不高，我国各地均可正常养殖。孔雀鱼对污染物比较敏感，是一种理想的实验用鱼。Morgan[48] 的研究实验结果表明，孔雀鱼对三丁基氢化锡 (TBT) 等污染物比较敏感，其肝体指数和肝脏、性腺、脾脏等组织的病理变化可以作为评估和监测 TBT 等污染物的敏感效应指标。

图 1.6　孔雀鱼

3. 剑尾鱼

剑尾鱼是热带淡水小型鱼类 (图 1.7)，体形较小，饲养管理简单、方便，繁殖力强，繁殖周期短，且对环境污染物敏感。剑尾鱼也是目前国内一种较为理想的用于环境污染研究的生物。

4. 青鳉鱼

青鳉鱼是小型淡水鱼类 (图 1.8)，属于杂食性动物，成鱼的体长为 2~4cm，对水质的盐度和温度有较为广泛的适应范围，饲养管理方便，主要分布于我国的华东、华南和华北等地。青鳉鱼也是 ISO 推荐的毒性实验标准用鱼之一。

5. 金鱼

金鱼在日常中生活中更为常见，它起源于中国，也称"金鲫鱼"，近似鲤鱼，但它没有口须，是由鲫鱼进化而成的观赏鱼类，如图 1.9 所示。金鱼在水样发生变化的情况下，会出现尾部摆动的异常 [54]，同时鱼群出现去集群效应 [80]。因此，金鱼也可作为监测水质变化的指示生物。

图 1.7 剑尾鱼

图 1.8 青鳉鱼

图 1.9 金鱼

1.4　生物式水质监测系统

以鱼类为生物指示器的水质监测与预警系统，已经从实验室走向了市场。许多功能完备的产品被研发出来，市场中常见的产品如下。

(1) 德国 BBE 公司研制的斑马鱼水质污染监测器，可通过斑马鱼的行为来判别水质的情况，如图 1.10 所示。

图 1.10　德国 BBE 公司的 ToxProtect

(2) 日本正兴电机集团与日本九州大学联合研制的生物传感器。该产品将青鳉鱼的运动行为转化为三维数据进行分析（如急速游动、浮头行为和死亡等），来对受试水体进行预警，如图 1.11 所示。

(3) 日本 ANIMAX 公司研发的 BS-2000A 生物毒性监测系统，以青鳉鱼的运动量来判断水中的含毒情况。

(4) 美国霍尼韦尔国际公司研发的一款智能水质生物毒性在线监测预警系统。该系统以蓝鳃太阳鱼为生物指示器，以其行为变化为指标来监测水体的变化，达到预警的目的。

(5) 中国科学院生态环境研究中心研制的水质安全在线生物预警系统 (BEWs)。该系统通过斑马鱼行为变化、产生回避行为（如逃避行为、呼吸、游动频率改变）等来对水质进行预警。

(6) 浙江工业大学研制的鱼类行为水质监测系统。该系统是基于红鲫鱼，利用神经网络技术判断观察鱼行为与水质变化之间的关系，目前已经在浙江的多家水厂进行了部署应用,如图 1.12 所示。

图 1.11   日本正兴电机集团的水质监测设备

图 1.12   浙江工业大学研制的鱼类行为水质监测系统

1.5 小   结

本章通过介绍我国近年来水体污染事件的频发和水污染对人身心健康的影响,

综述了水质监测的各类常用方法，并比较了它们各自的应用场景。针对亟待解决的水体污染问题，除了加强对流域内各类排放的监管，还需要应对各类水污染突发事件，建立健全的水质预警监控体系，这意味着能在污染事件发生后的第一时间里对水体的污染做出反应。目前，世界各国普遍采用的水质监测和评价的方法包括理化分析法和生物式监测法。水质的理化分析法主要通过理化实验的方法对水体的各项指标进行测量，从而评估水质等级。在通过理化分析法监测水质时，会对其中水源水样的采集、样品保存和采样质量控制的基本原则、措施和要求都设置细致的规定，从而确保其监测结果的准确性。然而，采用理化分析法监测水质耗时长、检测费用高，尤其是对于突发性污染事件难以做到及时预警。为了解决理化分析法的不足，逐渐发展出基于生物的水质监测方法。生物监测的原理是利用水生生物个体、种群和群落的数量、性质、健康状况和生理特征等的变化来表征水体质量的变化。生物式水质监测系统中的生物指示剂有藻类、原生生物、各种底栖生物和鱼类等，其中鱼类是最为常用的指示生物。

参 考 文 献

[1] 蔡庆华. 中国水污染综合治理的生态学思考[J]. 环境保护, 2007, (14): 46-48.

[2] 张锐. 中国水污染的沉重报告[J]. 中外企业文化, 2007, (9): 12-15.

[3] 艾恒雨, 刘同威. 2000-2011 年国内重大突发性水污染事件统计分析[J]. 安全与环境学报, 2013, 13(4): 284-286.

[4] 德永健. 近年我国重大水污染事件[J]. 中国人大, 2007, (17): 29.

[5] 韩吉玥, 薛国东. 水污染及水污染的生物治理[J]. 吉林水利, 2008, (1): 44-46.

[6] 丁凡, 黄立勇, 王锐, 等. 中国 2004-2015 年突发水污染事件监测数据分析[J]. 中国公共卫生, 2017, 33(1): 59-62.

[7] 环境保护部. 中国人群环境暴露行为模式研究报告(成人卷)[M]. 北京: 中国环境出版社, 2013.

[8] 蒋晨光. 环境污染对人心理健康的影响[J]. 解放军健康, 2006, (4): 38.

[9] 靳月灿, 蔡淼, 赵然. 水中几种常见重金属污染物对人体健康的危害及对策[J]. 资治文摘: 管理版, 2010, (5): 146.

[10] 陈新, 伦小文, 侯晓虹. 水环境中药物污染分析的研究进展[J]. 沈阳药科大学学报, 2010, (2): 157-162.

[11] 李欣, 李丽, 赵冰海, 等. 环境内分泌干扰物对机体的影响[J]. 牡丹江医学院学报, 2011, 32(6): 46-47.

[12] 喻峥嵘, 乔铁军, 张锡辉. 某市饮用水系统中药品和个人护理用品的调查研究[J]. 给水排水, 2010, 36(9): 24-28.

[13] 王和兴, 周颖, 王霞, 等. 上海市水环境中主要酚类污染物筛查和评价[J]. 复旦学报 (医学版), 2012, 39(3): 231-237.

[14] 樊乃根. 中国水环境污染对人体健康影响的研究现状(综述)[J]. 中国城乡企业卫生, 2014, (1): 116-118.

[15] 唐传喜, 王和兴, 周颖, 等. 体重正常和肥胖儿童青少年尿中双酚 A 的分析[J]. 中华疾病控制杂志, 2013, 17(3): 273-274.

[16] 严彬, 张满成, 周扬, 等. 长三角水体中典型微污染有机物污染水平研究[J]. 环境科技, 2016, 29(1): 75-78.

[17] 王丹, 隋倩, 赵文涛, 等. 中国地表水环境中药物和个人护理品的研究进展[J]. 科学通报, 2014, (9): 743-751.

[18] 王朋华, 袁涛, 谭佑铭. 水环境药物污染对水生物和人体健康的影响[J]. 环境与健康杂志, 2008, 25(2): 172-174.

[19] Fent K, Weston A A, Caminada D. Ecotoxicology of human pharmaceuticals[J]. Aquatic Toxicology, 2006, 76(2): 122-159.

[20] Wu C, Maurer C, Wang Y, et al. Water pollution and human health in China[J]. Environmental Health Perspectives, 1999, 107(4): 251-256.

[21] 李景华, 樊小贤. 浅论环境污染对人心理的影响和损害[J]. 陕西环境, 1997, (1): 23-25.

[22] 孟伟, 闫振广, 刘征涛. 美国水质基准技术分析与我国相关基准的构建[J]. 环境科学研究, 2009, 22(7): 757-761.

[23] 孟伟. 水质基准的理论与方法学导论[M]. 北京: 科学出版社, 2010.

[24] 刘伟成, 单乐州, 谢起浪, 等. 生物监测在水环境污染监测中的应用[J]. 环境与健康杂志, 2008, 25(5): 456-459.

[25] 刘小卫, 陆光华. 主动生物监测技术在水环境风险评价中的应用[J]. 环境监测管理与技术, 2008, 20(3): 12-15.

[26] ASTM. Standard guide for conducting in-situ field bioassays with marine, estuarine and freshwater bivalves[S]. West Conshohocken: ASTM International, 2001.

[27] 房英春, 刘广纯, 田春, 等. 浅析河流水体污染的生物监测及指标生物[J]. 水土保持研究, 2005, 12(2): 151-153.

[28] 杨培莎, 朱艳华. 水质生物监测方法及应用展望[J]. 环境与发展, 2010, 22(2): 71-73.

[29] 赵怡冰, 许武德, 郭宇欣. 生物的指示作用与水环境[J]. 水资源保护, 2002, (2): 11-13.

[30] 林丽明, 朱延彬, 谭石慈, 等. 利用原生动物的趋化性进行水质生物检测的方法研究[J]. 华南师范大学学报 (自然科学版), 1994, (4): 42-46.

[31] 吴伟, 章敏. 应用四膜虫刺泡发射评价加氯水体中有机浓集物的致突变性[J]. 中国环境科学, 1999, 19(5): 413-416.

[32] Bearden A P, Schultz T W. Structure-activity relationships for pimephales and tetrahymena: A mechanism of action approach[J]. Environmental Toxicology Chemistry, 1997, 16(6): 1311-1317.

[33] Al-Chalabi K A K, Al-Khayat B H A. The effect of lindane on nucleic acids, protein and carbohydrate content in tetrahymena pyriformis[J]. Environmental Pollution, 1989, 57(4): 281-287.

[34] Widdows J, Johnson D. Physiological energetics of mytilus edulis: Scope for growth[J]. Marine Ecology Progress, 1988, 46(1): 113-121.

[35] Lowe D M, Moore M N. Cytology and quantitative cytochemistry of a poliferative atypical hemocytic condition in mytilus edulis (bivalvia, mollusca)[J]. Journal of the National Cancer Institute, 1978, 60(6): 1455-1459.

[36] 阎铁, 吕海晶. 贻贝在海洋污染生物监测中的应用[J]. 海洋通报, 1993, 12(3): 117-125.

[37] 黄小清, 蔡笃程. 水生昆虫在水质生物监测与评价中的应用[J]. 华南热带农业大学学报, 2006, 12(2): 72-75.

[38] 刘宇, 沈建忠. 藻类生物学评价在水质监测中的应用[J]. 水利渔业, 2008, 28(4): 5-7.

[39] Kolkwitz R, Marsson M, Kolkwitz R, et al. Okologie der tierischen saprobien[J]. Internationale Revue der Gesamten Hydrobiologie und Hydrographie, 1909, 2(1/2): 126-152.

[40] 徐士霞, 李旭东, 王跃招. 两栖动物在水体污染生物监测中作为指示生物的研究概况[J]. 动物学杂志, 2003, 38(6): 110-114.

[41] 程英, 裴宗平, 邓霞, 等. 生物监测在水环境中的应用及存在问题探讨[J]. 环境科学与管理, 2008, 33(2): 111-114.

[42] 张明杰. 水生物监测水质技术及其应用前景分析[J]. 水文, 2001, 21(5): 48-49.

[43] 张土乔, 吴小刚, 应向华. 水质生物监测体系建设的若干问题探讨[J]. 水资源保护, 2004, 20(1): 25-27.

[44] 牛红义, 吴群河. 水污染生物监测技术发展动向[J]. 环境研究与监测, 2005, (3): 49-52.

[45] 王海洲, 刘文华, 侯福林. 在线生物监测技术及其应用研究简述[J]. 中学生物学, 2006, 22(12): 6-7.

[46] 王海洲, 刘文华, 侯福林. 在线生物监测技术及其应用研究[J]. 生物学通报, 2007, 22(1): 6-7.

[47] Cairns J Jr, Dickson K L, Sparks R E, et al. A preliminary report on rapid biological information systems for water pollution control[J]. Journal of Water Pollution Control Federation, 1970, 42(42): 685-703.

[48] Morgan W. Fish locomotor behavior patterns as a monitoring tool[J]. Journal of Water Pollution Control Federation, 1979, 51(3 Pt 1): 580-589.

[49] Larrick S R, Dickson K, Cherry D, et al. Determining fish avoidance of polluted water[J]. Hydrobiologia, 1978, 61(3): 257-265.

[50] Green U, Kremer J, Zillmer M, et al. Detection of chemical threat agents in drinking water by an early warning real-time biomonitor[J]. Environmental Toxicology, 2003, 18(6): 368-374.

[51] Jin Y, Liu Z, Peng T, et al. The toxicity of chlorpyrifos on the early life stage of zebrafish: A survey on the endpoints at development, locomotor behavior, oxidative stress and immunotoxicity[J]. Fish and Shellfish Immunology, 2015, 43(2): 405-414.

[52] 陈国胜, 徐盈, 张甬元, 等. 甲氰菊酯对草鱼鱼种血液中 Na^+ 离子水平的影响[J]. 水生

生物学报, 1998, (1): 93-94.

[53] 傅建炜, 史梦竹, 李建宇, 等. 草甘膦对草鱼、鲢鱼和鲫鱼的毒性[J]. 生物安全学报, 2013, 22(2): 119-122.

[54] Xiao G, Feng M, Cheng Z, et al. Water quality monitoring using abnormal tail-beat frequency of crucian carp[J]. Ecotoxicology and Environmental Safety, 2015, 111: 185-191.

[55] Sovová T, Boyle D, Sloman K A, et al. Impaired behavioural response to alarm substance in rainbow trout exposed to copper nanoparticles[J]. Aquatic Toxicology, 2014, 152: 195-204.

[56] Zheng H, Liu R, Zhang R, et al. A method for real-time measurement of respiratory rhythms in medaka (oryzias latipes) using computer vision for water quality monitoring[J]. Ecotoxicology and Environmental Safety, 2014, 100(1): 76-86.

[57] Wang Y, Ferrari M C, Hoover Z, et al. The effects of chronic exposure to environmentally relevant levels of waterborne cadmium on reproductive capacity and behaviour in fathead minnows[J]. Archives of Environmental Contamination and Toxicology, 2014, 67(2): 181-191.

[58] Nassef M, Matsumoto S, Seki M, et al. Acute effects of triclosan, diclofenac and carbamazepine on feeding performance of Japanese medaka fish (oryzias latipes)[J]. Chemosphere, 2010, 80(9): 1095-1100.

[59] Brodin T, Fick J, Jonsson M, et al. Dilute concentrations of a psychiatric drug alter behavior of fish from natural populations[J]. Science, 2013, 339(6121): 814-815.

[60] Hedgespeth M L, Nilsson P A, Berglund O. Ecological implications of altered fish foraging after exposure to an antidepressant pharmaceutical[J]. Aquatic Toxicology, 2014, 151(3): 84-87.

[61] Bisesi J H, Bridges W, Klaine S J. Effects of the antidepressant venlafaxine on fish brain serotonin and predation behavior[J]. Aquatic Toxicology, 2014, 148: 130-138.

[62] Olsén K H, Ask K, Olsén H, et al. Effects of the SSRI citalopram on behaviours connected to stress and reproduction in Endler guppy, Poecilia wingei[J]. Aquatic Toxicology, 2014, 148(3): 113-121.

[63] Joel Weinberger I I, Klaper R. Environmental concentrations of the selective serotonin reuptake inhibitor fluoxetine impact specific behaviors involved in reproduction, feeding and predator avoidance in the fish pimephales promelas (fathead minnow)[J]. Aquatic Toxicology, 2014, 151(16): 77-83.

[64] Niwa H S. Self-organizing dynamic-model of fish schooling[J]. Journal of Theoretical Biology, 1994, 171(2): 123-136.

[65] Stien L H, Bratland S, Austevoll I, et al. A video analysis procedure for assessing vertical fish distribution in aquaculture tanks[J]. Aquacultural Engineering, 2007, 37(2): 115-124.

[66] Kurta A, Palestis B G. Effects of ethanol on the shoaling behavior of zebrafish (danio rerio)[J]. Dose-Response, 2009, 8(4): 527-533.

[67] Grossman L, Utterback E, Stewart A, et al. Characterization of behavioral and endocrine effects of lsd on zebrafish[J]. Behavioural Brain Research, 2010, 214(2): 277-284.

[68] Ruhl N, Mcrobert S P. The effect of sex and shoal size on shoaling behaviour in danio rerio[J]. Journal of Fish Biology, 2005, 67(5): 1318-1326.

[69] Salierno J D, Gipson G T, Kane A S. Quantitative movement analysis of social behavior in mummichog, fundulus heteroclitus[J]. Journal of Ethology, 2008, 26(1): 35-42.

[70] Chew B F, Eng H L, Thida M. Vision-based real-time monitoring on the behavior of fish school[C]. IAPR Conference on Machine Vision Applications, Yokohama, 2009: 90-93.

[71] Buske C, Gerlai R. Shoaling develops with age in zebrafish (danio rerio)[J]. Progress in Neuro-Psychopharmacology and Biological Psychiatry, 2011, 35(6): 1409-1415.

[72] Green J, Collins C, Kyzar E J, et al. Automated high-throughput neurophenotyping of zebrafish social behavior[J]. Journal of Neuroscience Methods, 2012, 210(2): 266-271.

[73] Papadakis V M, Papadakis I E, Lamprianidou F, et al. A computer-vision system and methodology for the analysis of fish behavior[J]. Aquacultural Engineering, 2012, 46(1): 53-59.

[74] 张金松, 黄毅, 韩小波, 等. 鱼的行为变化在水质监测中的应用[J]. 给水排水, 2013, 39(7): 166-170.

[75] 沈芾, 陈再忠. 鱼类监测系统及预警鱼类的选择[J]. 水产科技情报, 2009, 36(5): 217-220.

[76] Beauvais S L, Jones S B, Brewer S K, et al. Physiological measures of neurotoxicity of diazinon and malathion to larval rainbow trout (oncorhynchus mykiss) and their correlation with behavioral measures[J]. Environmental Toxicology and Chemistry, 2000, 19(7): 1875-1880.

[77] Brewer S, Little E, de Lonay A, et al. Behavioral dysfunctions correlate to altered physiology in rainbow trout (oncorynchus mykiss) exposed to cholinesterase-inhibiting chemicals[J]. Archives of Environmental Contamination and Toxicology, 2001, 40(1): 70-76.

[78] Scott G R, Sloman K A, Rouleau C, et al. Cadmium disrupts behavioural and physiological responses to alarm substance in juvenile rainbow trout (oncorhynchus mykiss)[J]. Journal of Experimental Biology, 2003, 206(11): 1779-1790.

[79] Beyers D W, Farmer M S. Effects of copper on olfaction of colorado pikeminnow[J]. Environmental Toxicology and Chemistry, 2001, 20(4): 907-912.

[80] 吴志强, 邵燕, 袁乐洋. 鱼类实验动物[J]. 生物学通报, 2003, 38(11): 20-22.

第 2 章　鱼类行为语义模型

2.1　引　　言

鱼类行为是鱼对环境变化的外在反应，包括群聚、防御和摄食感等。当环境发生变化时，鱼类应对环境中的各种化学或物理刺激的反应都以其行为为基础。因此，行为是鱼类机体的重要功能表现，它与环境刺激、生理状态有着密切的相关性。

鱼类行为反应是由神经系统和感觉器官的结构和功能决定的。鱼类对环境中的有毒化学物质比较敏感，水体一旦受到污染，水中的污染物会快速地影响鱼类的神经和感官系统，从而导致一系列行为的异常。此外，鱼类对水流的反应是鱼类游动行为的重要基础，一般来说，鱼群只在近底层水流中进行逆流运动。鱼在环境中逆游，有利于掌握游动的方向，并使鱼鳃中的鳃丝间隙增大，更好地吸收氧气。鱼类对视觉运动的反应也比较敏感，如水中的光照、透明度、环境的主色调等，都会影响鱼类的游动。

鱼类行为的动力学模型可分为单条鱼和鱼群两类。单条鱼的行为动力学模型一般通过分析单条鱼在水环境中的游动特征来量化其行为，侧重于个体的行为建模；鱼群的行为动力学模型则是通过分析鱼群个体间的相互影响和整体的游动特征来量化鱼群行为，侧重于整个群单位的行为特征建模。本章将分别介绍单条鱼的行为与决策模型和鱼类群体的行为模型。通过构建这些行为模型来揭示鱼类个体以及群体行为背后的机制，从而建立利用鱼类行为语义分析水质的理论基础。

2.2　鱼类个体语义行为建模

2.2.1　单条鱼行为模型

为了躲避危险或者是捕食，鱼类最为重要的行为之一就是游动。早在 1960 年，学者们就从力学的角度研究了鱼类的游动行为，提出几种鱼类的游动力学模型，并分析了鱼类在不同游动模式下的形态适应问题。鱼类主要依靠摆动身体的部位 (如鱼鳍等) 来获得动力。根据鱼类获取动力的部位不同，一般鱼类游动可分为 BCF（body and/or caudal fin）模式和 MPF（median and/or paired fin）模式 [1]。

BCF 模式是指通过身体或尾鳍的摆动来获取动力的游动模式，主要出现在尾部相对于身体较长的鱼类中。MPF 模式是指通过胸鳍、背鳍或腹鳍等来获取动力的游动模式，主要出现在胸鳍和背鳍较发达的鱼类中，侧重用于鱼体的平衡和转弯。大部分鱼类的游动模式属于 BCF 模式，因此建立鱼形体波动和尾鳍拍动的模型是研究鱼类游动的关键。

当鱼游动时，身体绝大部分都在做波动（图 2.1），身体扭动形成的波向尾部传播，产生能量效应而获取推力。推力的大小和效率与身体扭动所形成的波动频率和波动幅度等参数有关[2, 3]。对于尾鳍的拍动（图 2.2），研究表明鱼体获取的动力取决于拍动翼的拍动频率[4, 5]，而拍动翼的各运动参数对鱼体推进的方向也有很大的影响，如鱼体的前进、后退和转弯等。

图 2.1　鱼形体波动图[1]

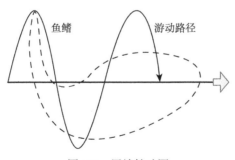

图 2.2　尾鳍拍动图

对于单条鱼游动行为的研究，主要侧重于鱼的运动状态和运动形式，尤其是通过分析鱼体结构对鱼游动的影响来研究鱼体的游动特征。鱼体行为的参数众多，主要包括死亡、沉底、浮头、静止、跳跃、翻转、倒游、转向、甩尾、撞壁、倾斜、受惊、捕食和反捕食等。这些行为参数对行为特征，如游动速度、游动加速度、游动距离、转弯角速度、轨迹分布、轨迹复杂度、游动量和离中心区域的距离等，会产生重要影响。例如, Gibb 等通过三维运动学来分析鱼类在游动时的尾部特征, 研究了鱼体尾部摆动与鱼类游速之间的关系 [6]。敬军等研究了鲫鱼从静止状态做逃逸反应的运动过程, 并根据其质心的变化和尾鳍的运动, 提出鱼体 C 形起动的三个阶段, 从力学的角度解释了其运动过程 [7]。陈宏等在鲫鱼 C 形转向的物理模型基础上, 建立了鱼形机器人转向的动力学方程, 分析骨架中线的运动步态和鱼体质心的运动规律, 发现尾鳍的摆动是鱼体产生转向的主要驱动力矩, 并通过前摆转向的多步态仿真游动实验, 为真实鱼类运动的动力学研究提供了理论依据 [8]。杨晗等以鳊鱼幼鱼为实验对象, 通过切除尾鳍的不同部位, 研究尾鳍缺失对鱼体运动能力和游动行为的影响, 发现鱼类在尾鳍缺失导致运动能力下降的情况下通过耗氧量的增加来补偿的现象 [9] (图 2.3)。Ohlberger 等发现鱼体尾部摆动频率 (简称为尾频) 和鱼体大小与鱼体游速和新陈代谢率成正相关 [10] (图 2.4)。

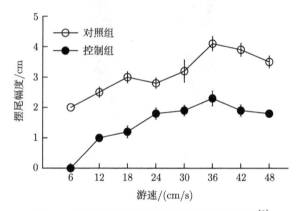

图 2.3   鱼体游速与摆尾幅度和能耗关系图 [9]

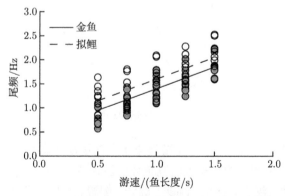

图 2.4   鱼体尾频与游速和新陈代谢率关系图 [10]

2.2.2 单条鱼决策模型

鱼群的行为常常具有群聚特征,例如,会随着洋流和食物突然整齐划一地游动;在遇到危险时,倏忽间聚拢或者散去(图 2.5)。鱼群的这种群体行为(collective behavior)通常都是通过调节各自的游向和游速得以呈现的[11]。

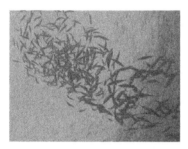

图 2.5 鱼类的群聚行为[12]

鱼类一般没有发达的大脑,如何形成特定的群聚行为一直是行为科学领域的研究热点问题之一。早在 1982 年,Aoki 就建立了鱼个体附近区域模型,首次将鱼的视野分为排斥、平行、吸引和搜索 4 个区域[13]。Huth 等对 Aoki 的模型进行了修正,提出了 3 个假设:① 个体鱼在群体中运动时只接受其最近邻鱼的位置和游动信息;② 每条鱼的游速和转角服从概率分布并考虑随机因素的影响;③ 群体中每条鱼的运动遵循相同的模型[14]。其中,"最近邻鱼"即群体中距离目标个体最近的个体,通常将这些同类个体称为目标个体的邻近个体,或者目标个体的"邻居"。

Reynolds 提出了鱼群群体游动时个体所遵循的 3 个规则,即碰撞回避、速度匹配、中心聚集[15],优先级最高的是碰撞回避。Krause 等的研究结果也表明,群体中的个体总是优先确保与其他个体保持一段最小距离,以免与其他个体发生碰撞[16]。

为了更准确地刻画动物的集体运动,Couzin 等提出了一个基于区域的群体自组织模型[17]。Couzin 将个体附近的空间划分为三部分,在空间上按照距离个体中心的距离由近及远依次为排斥区(zone of repulsion,ZOR)、排列区(zone of orientation,ZOO)和吸引区(zone of attraction,ZOA),如图 2.6 所示。

这 3 个区域分别与 Reynolds 等提出的模型中的三个局部作用规则相对应。排斥区以个体为中心,半径为 r_r,其他个体进入这一区域会引起个体的倒退。在排斥区外有一个排列区,其半径为 r_o,个体受到在这一区域内周围其他个体的影响而调整其速度方向,使个体与其他个体的运动方向保持一致。更远的区域为吸引区,其半径为 r_a,由于个体的群聚性,处在这个区域内的个体会相互吸引。同样,考虑到个体的视线范围有限,个体在其背后有一个角度为 α 的扇形盲区。模型中盲区在排列区和吸引区内,在计算时应排除该区域中个体的影响。

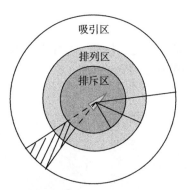

图 2.6　基于区域模型的个体鱼邻近区域示意图 [17]

在描述个体 i 的运动模型时，用 c_i 表示个体在空间中的位置坐标，单位向量 v_i 表示个体的运动方向。在每个时间阶段，个体 i 会根据这三个不重叠的区域中邻近个体的行为来调整自己的运动方向。若个体 i 的三个邻近区域中都没有同类，则个体下一时刻的运动方向保持与上一时刻相同，即 $d_i(t+\tau) = v_i(t)$。

根据碰撞回避原则，首先考虑排斥区中的邻近个体（n_r）的影响。为了保持距离，排斥区中邻近个体产生的作用方向为

$$d_i(t+\tau) = -\sum_{j\neq i}^{n_r} \frac{r_{ij}(t)}{|r_{ij}(t)|}, \quad j = 1, 2, \cdots, n_r \tag{2-1}$$

其中，$r_{ij}(t) = (c_j - c_i)/|c_j - c_i|$，$|c_j - c_i| < r_r$。由于个体运动时碰撞回避原则的优先级最高，当排斥区中有个体，即排斥区中的个体数量 $n_r > 0$ 时，不管其他区域是否有同类，个体 i 下一时刻的运动方向 $d_i(t+\tau) = d_t(t+\tau)$。

若排斥区中的个体数量 $n_r = 0$，则考虑排列区和吸引区中个体的影响。考虑排列区中的邻近个体 n_o，它产生的作用方向为

$$d_o(t+\tau) = -\sum_{j\neq i}^{n_o} \frac{r_{ij}(t)}{|r_{ij}(t)|} \tag{2-2}$$

其中，$r_r \leqslant |c_j - c_i| < r_o$。

考虑吸引区中的邻近个体 n_a，它产生的作用方向为

$$d_a(t+\tau) = -\sum_{j\neq i}^{n_a} \frac{r_{ij}(t)}{|r_{ij}(t)|} \tag{2-3}$$

其中，$r_o \leqslant |c_j - c_i| < r_a$。

因此，个体 i 运动方向的计算分为以下三种情况。

(1) 若仅在排列区中存在同类，则下一时刻的运动方向 $d_i(t+\tau) = d_o(t+\tau)$。

(2) 若仅在吸引区中存在同类, 则下一时刻的运动方向 $d_i(t+\tau) = d_a(t+\tau)$。

(3) 若排列区和吸引区都存在同类, 则下一时刻的运动方向 $d_i(t+\tau) = \omega_o d_o(t+\tau) + \omega_a d_a(t+\tau)$。

根据以上的运动公式, 就可以确定群体内个体鱼的运动方向和速度。此外, 群体的运动状态会随着参数 r_r、r_o、r_a 的变化而变化。也就是说, 当个体按照以上运动公式确定其行为时, 群体能涌现出特定的群聚模式。特别是这些运动公式只利用了局部信息, 表明鱼类可以不需要复杂的认知计算就能获得具有特定模式的群聚行为。

为了进一步确定鱼群内哪些个体会传递信息, Kolpas 等 [18] 利用 Voronoi 单元法和 Delaunay 三角网格划分定义了一个最近邻通信拓扑结构, 来确定与个体可以传递信息的 "邻居"。在三角网格模型中周围的 4 个 "邻居" 鱼会对中间的个体鱼行为产生影响, 如图 2.7 所示。

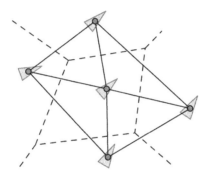

图 2.7　基于 Voronoi 单元法和 Delaunay 三角网格的最近邻通信拓扑结构 [18]

根据 Voronoi 单元法的定义, 对于有 n 个个体 $\{p_i(t)\}_{i=1}^{N} \in \mathbb{R}^2$ 的群组, 个体 i 所在的单元 $V_i(t)$ 定义为

$$V_i(t) = \{x \in \mathbb{R}^2, |p_i(t) - x| < |p_j(x) - x|, j = 1, 2, \cdots, N, j \neq i\} \tag{2-4}$$

将满足 $V_i(t) \cap V_j(t) \neq 0$ 的个体对 $\{p_i(t), p_j(t)\}$ 称为 "邻居", 即个体 $p_i(t)$ 与 $p_j(t)$ 之间存在作用关系。这种作用关系与基于区域的模型的吸引和排斥规则类似, 通过改变吸引和排斥规则的权重比, 可形成群体结构的不同形态。

通过社会力模型 (social force model) 原理, 还可用社会力表征群体间个体的相互作用关系 [19]。这种社会力模型与 Couzin 提出的群体中个体运动方向模型类似, 群体中个体实际的受力和运动方向均为两种因素共同作用的结果。

社会力模型中个体受到的作用力 F_a 为

$$F_a = F_d + F_{int} \tag{2-5}$$

其中，F_d 为个体鱼受到外界因素作用而产生的想去某处的作用力；F_{int} 为个体鱼受其邻近个体作用而产生的社会力。

假设鱼个体的质量为单位质量 1，则个体受到的作用力为

$$F_a = \frac{dv_i}{dt} \tag{2-6}$$

鱼个体 i 受外界因素作用（如觅食、逃离捕食者等）而以 v_i^d 的速度运动，但实际速度为 v_i，其差异表示为

$$v_i^d - v_i = \tau F_d \tag{2-7}$$

其中，τ 为挤压系数。

由此，可得到鱼个体之间的交互力为

$$F_{int} = \frac{1}{\tau}(v_i^d - v_i) - \frac{dv_i}{dt} \tag{2-8}$$

其中，v_i^d 可通过基于图像处理的光流速度场估计得到 [19]。

以上的内容考虑了群体中在邻近个体影响下的单条鱼决策模型，这些模型都遵循"群体中每条鱼采用相同的运动模式"这一基本假设。然而，群体中还存在某些了解洄游方向、食物来源、栖息场所或者捕食者和外界敌害等额外信息的个体，这些特殊的个体（或称为"信息鱼"）如何将信息传递给群体？此外，如果这些特殊个体所获取的信息各不相同，那又如何形成群体的一致决策呢？

为了回答这两个问题，Couzin 等 [17] 假设拥有额外信息的个体为 p_i，信息的吸引（或排斥）方向为 g_i，不存在外界信息影响下的个体下一时刻的运动方向矢量，则由原来的 $d_i(t+\tau)$ 调整为 $d_i^*(t+\tau)$：

$$d_i^*(t+\tau) = \frac{d_i(t+\tau) + \omega g_i}{|d_i(t+\tau) + \omega g_i|} \tag{2-9}$$

其中，$\omega \in [0,1]$ 为权重系数。

个体行为变化的计算都是由矢量叠加合成的，由于存在额外的吸引信息源，拥有额外信息的"信息鱼"的速度比普通鱼快。"信息鱼"的作用是带动其他个体，对群体行为具有引导作用。此外，Couzin 等的模拟结果还表明群体数量越大，需要达成一致的"信息鱼"数越少 [17]。总之，由于鱼类的群聚特性，在研究单条鱼决策时也会考虑周围其他鱼的行为对其行为产生的影响。

2.3　鱼类群体语义行为建模

2.3.1　群体行为的定义和功能

由于单条鱼存在个体行为差异和偶然性因素，由单条鱼作为指示生物所设计的水质监测系统的鲁棒性不高。也就是说，使用单条鱼作为指示生物无法判断鱼的异常行为是由鱼自身的生理原因引起，还是因水质变化而诱发的。鱼群具有群聚行为和社会行为，如捕食、御敌等。刻画鱼群群体结构的主要指标包括鱼群大小和形状、个体间最小距离与头方向夹角、内部结构与整体形状的关系等。这些指标往往可以由鱼群重心坐标、鱼群分布和鱼群的分簇等参数进行刻画如表 2.1 所示。

表 2.1　鱼类群目标状态和行为特征指标表

状态指标	死亡、沉底、浮头、静止、捕食、聚集、分散、逃离、相互碰撞、攻击、追赶等
行为指标	群游动速度、群游动距离、群轨迹分布、群游动量、群大小、主群和副群、相互间距离、群空间分布等

鱼类的群居性也是对抗肉食性动物的天性和本能。在无外界压力的情况下，鱼类会聚集在一起，个体鱼的运动行为受附近鱼运动的影响，但个体间保持一定的距离，很少相互接触和碰撞。一旦出现外界压力，该压力会削弱鱼群中附近鱼的运动行为对个体鱼的运动行为的影响，出现时而碰撞、时而分散开来的情况。此外，在鱼群行进时还需要确定行进的方式、方向和时间等信息。这些群体行进信息的变化可以看成群体的公共决策过程 [20, 21]，群体的行进过程一般会形成一定的队列形状。当群体受到外界影响时，队列性会暂时性受到破坏，而当外界压力消失后队列性又重新恢复。这一特性也常常出现在除鱼类外的另一些群聚动物中，如蝗虫 [22] 和鸟类 [23] 等。

动物群体在行进时，运动的决策往往取决于群体内部成员的相互作用 [16, 24]。然而，群体内部会有少部分成员具有有效的领导力和决策功能，这一特性在鱼群中也显著存在 [11]。Chew 等研究发现鱼群中有固定的几条鱼具有"领导"的作用，鱼群在行进过程中，主鱼群总是跟随在那几条具有"领导力"的鱼后面 [25]。Krause 等发现鱼群中每条鱼会轮流作为"领导者"，鱼群的大小与具有"领导者"角色鱼的条数并非是简单的线性关系 [26]。

为了刻画群体内鱼的不同角色，往往都会先构建如图 2.6 所示的基本模型。基于这一基本模型，Gautrais 等解析了鱼群游动时的相互影响，并建立一种基于鱼群邻间关系的位置和方向模型 [27]，指出目标鱼的运动状态与邻近鱼的位置、游动方向以及到鱼缸壁的距离和所成的角度有关，如图 2.8 所示。因此，Gautrais 等提出了目标鱼运动的表达式：

$$\omega_i^* = f_{\mathrm{W}}(d_{i\mathrm{W}}, \phi_{i\mathrm{W}}, \theta_{ij}) + f_{\mathrm{P}}(d_{ij}, \theta_{ij}, \phi_{ij}) + f_{\mathrm{V}}(\phi_{ij}, d_{ij}, \theta_{ij}) \tag{2-10}$$

鱼体游动时受撞壁项 f_{W}、位置影响项 f_{P} 和速度影响项 f_{V} 三个参数项的影响。

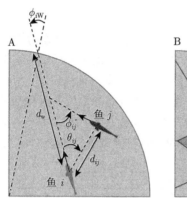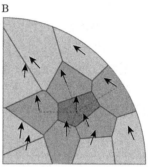

图 2.8　鱼群相互影响模型图

最终，鱼群的参数模型如下：

$$\omega_i^* = \hat{k}_{\mathrm{W}} \frac{\mathrm{sgn}(\phi_{i\mathrm{W}})}{\tau_{i\mathrm{W}}} + \frac{1}{N_i} \sum_{j \in V_i} (k_{\mathrm{P}} d_{ij} \sin \theta_{ij} + \hat{k}_{\mathrm{V}} v \sin \phi_{ij}) \tag{2-11}$$

Katz 等重点研究了鱼群间相互影响的结构和动力学模型，通过分析 2 条、3 条金体美鳊鱼的位置和速度，结合它们的运动轨迹画出速度驱动力和转弯驱动力的概率图 [28]。实验结果表明，目标鱼倾向于模仿在自己正前方区域的鱼的运动方式，包括加速和转弯。首先根据两条鱼之间重心点的距离得出 1 条鱼相对于其中 1 条目标鱼的坐标动态变量图（该变量图大小是以目标鱼为中心点、4 个体长为宽度、8 个体长为长度的矩形面），如图 2.9 所示。结果显示坐标点的分布图 2.9(a) 与图 2.9(b) 类似，中间区域的概率最高，搜寻区域和排斥区域的概率最低。其次把目标鱼的驱动力分为速度驱动力和转弯驱动力，矩形面内的每一点表示速度驱动力或转弯驱动力的概率，结果显示靠近正前方的吸引区域的速度驱动力最高。图 2.9(b) 中，靠近左右方的吸引区域的转弯驱动力最高。此外，通过更多条鱼的实验表明，鱼的运动反应是邻近鱼群运动反应的平均值，目标鱼的运动只受邻近鱼的影响，而远距离鱼群对目标鱼影响很小。

目标鱼与邻近鱼的位置关系和方向关系主要包括目标鱼到邻近鱼的距离 r、目标鱼到最近壁的距离 d、目标鱼朝向邻近鱼的角度、邻近鱼的运动方向、朝最近壁的角度、目标鱼的方向变化 6 个参数 [29]。当邻近鱼进入目标鱼的区域后，目标鱼的加速度随着距离 r 的变大而变大；转角速度随着 2 条鱼之间夹角的变大而变大。由此可知，邻近鱼在目标鱼的吸引区域内时，目标鱼会加速模仿邻近鱼的运动状态,并朝邻近鱼游去;邻近鱼在目标鱼的排斥区域内时,目标鱼会远离邻近鱼。因此,鱼群游动时的队列性是由邻近鱼之间的吸引和排斥规则决定的,具体如下。

(1) 吸引力是维持群聚凝聚力的重要因素之一,然而目标鱼的队列性与邻近鱼的运动方向相关性不大。

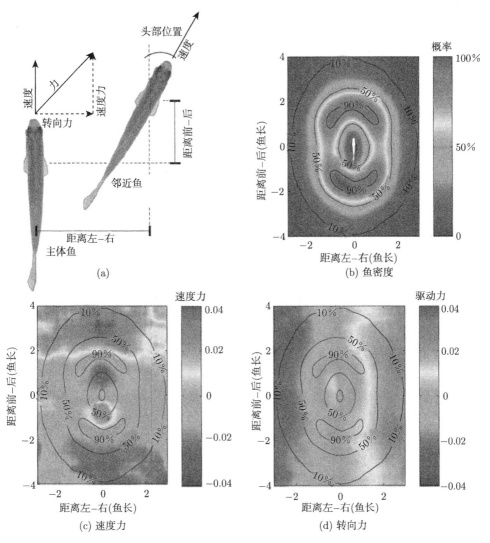

图 2.9　两条鱼之间的结构关系 [28]

(2) 鱼之间的排斥力受游动速度的改变而改变。

(3) 鱼群游动时，虽然个体鱼的位置和方向具有高度相关性，但是个体鱼只受最近邻鱼的影响。

2.3.2　群体行为数学模型

个体与个体之间因吸引作用而产生聚合力，从而形成群体。当个体之间不存在聚合力或者聚合力不足以维持群体时，群体将被打散。影响群体的一个重要因素是信息的不确定性，表现在群体中由空间分布的不同以及个体的感知范围有限导致的对外界信息获取的不同。此外，群体中某些个体获得了外界的刺激（如食物、捕食者等），而其他个体没有获得，这也会导致个体行为发生差异，从而导致群体的一致性被破坏。此时，群体内个体之间的冲突协调机制就会产生作用，以形成统一的意见，保持群体的凝聚力，这一过程称为群体共同决策。共同决策在群居动物中具有非常重要的意义。

研究表明，很多不同物种的群居性动物（如鱼类、昆虫和鸟类等）个体会通过不同的方式利用群体中其他个体的运动信息作为额外的信息，并根据不同的法则对自己的行为进行决策。例如，一些动物会根据不同数量的同类进行决策，而有些个体行为会被群体内少数的"领导者"影响。

这些决策模式被研究者以不同的模型表现出来。Deneubourg 等提出群聚性动物会利用额定模型（quorum models）来进行决策 [29]。该模型认为鱼类个体选择某一特定选项的可能性 p 会随着已经选择这个选项的数量的增加而增加。通常这种可能性的上升并不是线性的，当选择的数量超过一定"额度"后，选择这一选项的可能性大幅增加（图 2.10）。可能性 p 表示为

$$p = \frac{A^m}{A^m + B^n} \tag{2-12}$$

其中，A 表示已经选择某备选项的个体数；B 表示阈值；m 代表模型形状参数。

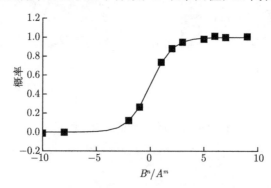

图 2.10　选择特定选项的概率与已选择该选项个体数量之间的关系

由于个体的认知能力和感受能力有限，任何额定模型对于大规模的群体而言，要做出有效运动的速度太慢，效率太低。更加普遍的观点是，在大型群体中，运动的决策通常是基于局部邻近个体之间的信息交互活动而形成整体的有组织的同步运动。

Couzin 等对具有自组织运动的动物群体如何在群体中快速传递运动方向的信息的问题做了研究 [11]。他们假设个体运动的最高的优先权是保证个体与其邻居保持一定的距离，以便在运动中不碰到一起。在没有冲撞的情况下，个体与其他邻近个体之间保持运动方向上的一致性，以保持群体的内聚力。个体在某一时刻选择运动的方向是由群体吸引力方向和对其"有利"的信息指引的方向共同决定的。群体吸引力方向由鱼的相对位置和邻近个体的运动方向计算得到。通常，这两个吸引方向是不同的。因此，这些个体必须权衡群体的运动方向与这种有利可图的运动方向。运动方向可表示为

$$M_i(t) = (1-\omega)S_i(t) + \omega D_i(t) \tag{2-13}$$

这样就形成了群体中少部分的"领导者"带领群体向某个方向前进的模式。这里所谓的"领导者"指群体中少部分获得外界信息（如食物或者捕食者的位置等）的个体。这些个体获得外界的信息，并通过自己的行为带动其他个体，从而影响整个群体活动的改变。对于其他"被领导者"，根据局部信息就可以获得全局的行为结果。

Arganda 等研究鱼个体根据群体信息进行决策的行为，在额定模型的基础上提出了一个简单通用的决策模型 [30]。他们认为鱼个体的游向就是一个决策过程。为了简化问题，将鱼的决策过程描述为一个两选项选择问题，以一个简单的 Sigmoid 函数来描述鱼类个体根据群体信息对外界信息的好坏进行判断：

$$P(x \text{ is good}) = \frac{1}{1 + as^{-(n_x - kn_y)}} \tag{2-14}$$

其中，$P(x \text{ is good})$ 为鱼个体认为选项 x 是好的选择的概率；n_x 和 n_y 为已经选择了选项 x 和选项 y 的同类个体数量；a 为非社会性信息参数；s 表示选项是好的可信度；k 为两个选择之间的相互作用关系。

在此基础上得到鱼个体选择的概率为

$$P_x = \frac{P(x \text{ is good})}{P(x \text{ is good}) + P(y \text{ is good})} \tag{2-15}$$

因此，可得到一个以社会信息、非社会信息、可信度和社会信息之间的相互关系为参数的鱼类个体决策模型：

$$P_x = \left(1 + \frac{1 + as^{-(n_x - kn_y)}}{1 + as^{-(n_y - kn_x)}}\right)^{-1} \tag{2-16}$$

其中，a、s 和 k 均为决策模型的可调参数。

此外，Kane 等表明高等动物群体决策中的重要特性可以由一种新型的物理自旋系统得到 [31]。群体中的个体相当于物理自旋系统中的旋转粒子，那些没有偏好的个体对群体的决策起到至关重要的作用。集体选择哪个状态或选项很大程度取决于非线性的局部相互作用。无偏好个体的线性的社会反应会加强大多数个体的选择。若无偏好个体的社会反应是非线性的，则会表现出相反的作用，加强少数个体的选择偏好。

2.4 小   结

本章主要介绍了群体环境下单条鱼行为的动力学模型，以及群体环境下单条鱼行为的决策模型。单条鱼的动力学模型主要是通过鱼体的组成结构 (包括躯干、胸鳍和尾鳍等) 来建立的，尾鳍决定着鱼体的起动、加速和转弯等主要运动。群体内个体行为受到其所处群体的行为的影响，这种影响可以转化为相互之间的作用力，包括吸引力、排列力和排斥力等。当个体间距离较近时作用力表现为排斥力，而当距离较远时作用力表现为吸引力。根据决策模型可知，鱼类个体选择某一特定选项的可能性与已经选择该选项的个体数量有关。已有的理论和实验结果均表明，鱼类群体中的个体通过感知环境（个体的邻近个体）信息来调整个体的行为。调整行为还会涉及权衡个体与群体之间信息不一致情况下的行为冲突。不管是鱼类个体行为还是群体行为模型，都是利用鱼类行为语义分析水质变化的理论基础。

参 考 文 献

[1] Sfakiotakis M, Lane D M, Davies J B C. Review of fish swimming modes for aquatic locomotion[J]. IEEE Journal of Oceanic Engineering, 1999, 24(2): 237-252.

[2] Mj L. Note on the swimming of slender fish[J]. Journal of Fluid Mechanics, 1960, 9(2): 305-317.

[3] Cheng J Y, Zhuang L X, Tong B G. Analysis of swimming three-dimensional waving plates[J]. Journal of Fluid Mechanics, 1991, 232(232): 341-355.

[4] Triantafyllou M S, Triantafyllou G S, Gopalkrishnan R. Wake mechanics for thrust generation in oscillating foils[J]. Physics of Fluids A: Fluid Dynamics, 1991, 3(12): 2835-2837.

[5] Shao X M, Pan D Y, Deng J, et al. Numerical studies on the propulsion and wake structures of finite-span flapping wings with different aspect ratios[J]. Journal of Hydrodynamics, 2010, 22(2): 147-154.

[6] Gibb A C, Dickson K A, Lauder G V. Tail kinematics of the chub mackerel scomber japonicus: Testing the homocercal tail model of fish propulsion[J]. Journal of Experimental Biology, 1999, 202(Pt 18): 2433-2447.

[7] 敬军, 李晟, 陆夕云, 等. 鲫鱼 C 形起动的运动学特征分析[J]. 实验力学, 2004, 19(3): 276-282.

[8] 陈宏, 竺长安, 尹协振, 等. 鱼形机器人快速转向的运动特性研究[J]. 应用力学学报, 2008, 25(2): 229-234.

[9] 杨晗, 曹振东, 付世建. 尾鳍缺失对鳊鱼幼鱼游泳能力、能量效率与行为的影响[J]. 水生生物学报, 2013, 37(1): 157-163.

[10] Ohlberger J, Staaks G, Hölker F. Estimating the active metabolic rate (AMR) in fish based on tail beat frequency (TBF) and body mass[J]. Journal of Experimental Zoology Part A: Ecological Genetics and Physiology, 2007, 307A(5): 296-300.

[11] Couzin I D, Krause J, Franks N R, et al. Effective leadership and decision-making in animal groups on the move[J]. Nature, 2005, 433(7025): 513-516.

[12] Lopez U, Gautrais J, Couzin I D, et al. From behavioural analyses to models of collective motion in fish schools[J]. Interface Focus, 2012, 2(6): 693-707.

[13] Aoki I. A simulation study on the schooling mechanism in fish[J]. Nihon-suisan-gakkai-shi, 1982, 48(8): 1081-1088.

[14] Huth A, Wissel C. The simulation of fish schools in comparison with experimental data[J]. Ecological Modelling, 1994, s75-76(94): 135-146.

[15] Reynolds C W. Flocks, herds and schools: A distributed behavioral model[J]. ACM Siggraph Computer Graphics, 1987, 21(4): 25-34.

[16] Krause J, Ruxton G D. Living in groups[M]. Oxford: Oxford University Press, 2002.

[17] Couzin I D, Krause J, James R, et al. Collective memory and spatial sorting in animal groups[J]. Journal of Theoretical Biology, 2002, 218(1): 1-11.

[18] Kolpas A, Busch M, Li H, et al. How the spatial position of individuals affects their influence on swarms: A numerical comparison of two popular swarm dynamics models[J]. Plos One, 2013, 8(3): e58525-1-e58525-10.

[19] 卢焕达. 基于视频数据的鱼群动态行为建模与异常检测研究[D]. 杭州: 浙江大学, 2014.

[20] Black J M. Preflight signalling in swans: A mechanism for group cohesion and flock formation[J]. Ethology, 1988, 79(2): 143-157.

[21] Conradt L, Roper T J. Group decision-making in animals[J]. Nature, 2003, 421(6919): 155-158.

[22] Buhl J, Sumpter D J, Couzin I D, et al. From disorder to order in marching locusts[J]. Science, 2006, 312(5778): 1402-1406.

[23] Inada Y, Kawachi K. Order and flexibility in the motion of fish schools[J]. Journal of Theoretical Biology, 2002, 214(3): 371-87.

[24] Couzin I D, Krause J. Self-organization and collective behavior in vertebrates[J].

Advances in the Study of Behavior, 2003, 32(3): 1-75.

[25]　Chew B F, Eng H L, Thida M. Vision-based real-time monitoring on the behavior of fish school[C]. IAPR Conference on Machine Vision Applications, Yokohama, 2009: 90-93.

[26]　Krause J, Hoare D, Krause S, et al. Leadership in fish shoals[J]. Fish and Fisheries, 2000, 1(1): 947-951.

[27]　Gautrais J, Ginelli F, Fournier R, et al. Deciphering interactions in moving animal groups[J]. Plos Computational Biology, 2012, 8(9): 193-202.

[28]　Katz Y, Tunstrøm K, Ioannou C C, et al. Inferring the structure and dynamics of interactions in schooling fish[J]. Proceedings of the National Academy of Sciences of the United States of America, 2011, 108(46): 18720-18725.

[29]　Deneubourg J, Goss S. Collective patterns and decision-making[J]. Ethology Ecology and Evolution, 1989, 1(4): 295-311.

[30]　Arganda S, Pérez-Escudero A, Polavieja G G D. A common rule for decision making in animal collectives across species[J]. Proceedings of the National Academy of Sciences, 2012, 109(50): 20508-20513.

[31]　Kane A S, Salierno J D, Brewer S K. Fish models in behavioral toxicology: Automated techniques, updates and perspectives[J]. Methods in Aquatic Toxicology, 2005, 2: 559-590.

第3章　鱼类目标识别与跟踪

3.1　引　　言

为了实现基于鱼类行为的水质监测系统，需要首先根据视频获取监测鱼的行为数据。因此，鱼类目标的自动识别和跟踪就成为监测系统的关键技术之一。鱼类行为参数主要包括单位时间内尾频、运动速度和运动轨迹等。为了准确获取这些行为参数，需要根据视频数据将鱼目标从背景中进行分割。

为了能将鱼体轮廓从水体环境中分割出来实现鱼体的识别，需要考虑两类噪声：① 鱼体图像的过分割和弱分割问题；② 由光照、水波阴影产生的噪声。因此，在介绍鱼体图像预处理和常见滤波方法的基础上，本章将介绍鱼体图像二维 Otsu 分割算法。在对目标鱼进行分割后，就可以考虑计算鱼体骨架参数，如头点、尾点和重心等。本章将介绍利用鱼体边界形体特征获取鱼体质心，利用质心计算主轴，再通过主轴确定鱼体骨架中心的算法。

本章最后介绍利用粒子滤波实现鱼群目标识别和跟踪的方法。针对鱼类目标在水中运动的随意性较大的特点，建立单个鱼类目标的运动状态转移模型。在定义多个鱼类目标间的运动交互作用的基础上，介绍检测多个目标间是否发生交互作用的方法。尤其是针对独立粒子滤波在多目标跟踪中因目标之间的交互作用导致目标跟踪丢失的问题，建立多目标交互观测模型，排除对目标状态粒子的错误观测，提高多目标跟踪的准确性。

3.2　鱼体目标识别方法

构建鱼体运动模型，需要对鱼体图像进行准确分割。图像分割的方法有很多，一般的分割过程都是先对鱼体图像进行预处理。预处理也可以看作消除图像的噪声，而消除图像噪声常见的方法就是滤波算法。本节先介绍常见的滤波方法，再介绍实现鱼体分割的算法。

3.2.1　鱼体图像预处理

鱼在水样中游动，在对鱼体进行分割时，需要考虑光照、水波阴影产生的噪声。图像噪声可以通俗地理解为妨碍人的视觉感知，或妨碍系统传感器对所接收图像源进行理解或分析的各种因素，也可以理解成真实信号与理想信息之间存在的偏差[1]。噪声通常被认为是不可预测的随机信号，一般采用概率统计方法来识别。一幅图像会受到多源的影响，例如，在摄取、传送、记录和显示过程中总要受到噪声的干扰，反映在图像上，噪声会形成一些虚假的物体边缘或轮廓，这些虚假的信息使得图像的后续处理容易产生误差[2]。

噪声的分类方法有很多，例如，根据噪声产生的来源可以分为外部噪声和内部噪声；根据运算特性可以分为加性噪声、乘性噪声、量化噪声、冲激噪声和椒盐噪声[3]。由于图像中的噪声往往和信号相关，如果去噪处理不当，就会导致图像本身的细节丢失，从而使图像降质。图像预处理可以去除或减少图像中的噪声和杂波，提高图像质量和信噪比。从信息理论的角度考虑，最好的预处理是没有预处理，避免预处理最好的方法是提高获取图像的质量。但是，现实操作中由于图像在拍摄和转换成计算机可处理的数字图像的过程中可能受到各种人为、环境因素的影响，图像画质通常会出现不尽人意的噪声、退化等。图像预处理就是消除这些噪声从而改善图像质量，常见的方法有形态学滤波、中值滤波、高通滤波和 Lee 滤波等。

3.2.2　滤波方法

由于噪声信号对图像像素值的干扰，严重时会造成图像目标不清晰的情况。而去噪的目的就是得到视觉清晰的图像，如何消除噪声是进行后续图像处理的关键。对有噪声干扰的图像进行分析（图 3.1 和图 3.2），可以发现噪声的分布与其四周像素的分布存在很大的分布差，利用噪声的这种性质除去噪声的方法，称为平滑。但由于在图像的边界部分也存在着急剧变化的分布差，进行平滑 (特别是均值) 滤波处理会使得图像模糊。因此，如何既能将边界与噪声恰当地分离，保持边界灰度值，又将噪声去掉，是滤波算法执行消除噪声功能时需要考虑的主要问题。下面将详细介绍三种常用的滤波方法，即均值滤波、中值滤波和低通滤波。

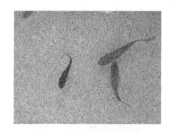

图 3.1　噪声图像

1. 均值滤波

均值滤波就是用像素均值代替原图像中的各像素值，包括算术均值滤波、几何均值滤波和谐波均值滤波。采用均值滤波处理图像时，用一个带有奇数点 (为了获得中心像素点) 的滑动窗口在目标图像上滑动，将窗口中心点对应的像素点灰度值用窗口内的其他各个点的灰度值的平均值 (算术均值、几何均值、谐波均值) 代替。这种方法的本质就是对一个噪声点进行模糊。例如, 对于如图 3.3 所示的输入图像像素数组, 均值滤波就是利用这 9 个像素的算术平均值来代替中点的像素值:

$$P_4 = \frac{\sum\limits_{i=0}^{9} P_i}{9} \tag{3-1}$$

图 3.2　噪声图像局部放大图

P_0	P_1	P_2
P_3	P_4	P_5
P_6	P_7	P_8

图 3.3　像素数组

对于如图 3.1 所示的噪声图像, 对其先进行均值滤波, 然后重建其图像, 结果如图 3.4 所示。

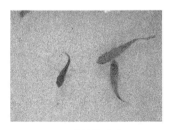
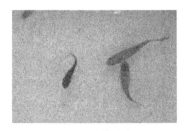

(a) 2次均值滤波　　　　　　　　　　　　(b) 8次均值滤波

图 3.4　均值滤波效果图

均值滤波对非常简单的噪声有一定的消除作用。然而，所有参加平均的像素点很大概率存在与原始图像中对应像素点的灰度值不等的情况，会导致滤波后产生图像边界不清晰的问题。此外，经过均值处理后，噪声部分被弱化到周围其他像素点上，造成噪声幅值减小而噪声点的颗粒面积被放大，因此该滤波对那些幅值基本相同而分布随机的噪声处理效果不理想。

2. 中值滤波

中值滤波是基于排序统计理论的一种有效抑制噪声的非线性信号处理技术，基本原理就是以局部中值代替局部均值。在滑动窗口内，首先将所有像素点的灰度值按从大到小的顺序排序，然后选取中间位置的那个像素点的灰度值，最后将被处理点的某一邻域内像素的灰度中值作为该点灰度的估计值。

均值滤波是将噪声像素点灰度值放到平均计算中，因此输出依然会受到噪声的影响。而中值滤波法每次都选用排在中间位置的像素值，降低了选择到噪声像素的可能性。因此，与均值滤波相比，中值滤波法对输出图像的去噪效果会更好。

为了更好地理解中值滤波的计算过程，先考察输入数据是一个向量的情形，即输入维度为一维。假设窗口像素序列表示为 $\{F_{i-v}, \cdots, F_{i-1}, F_i, F_{i+1}, \cdots, F_{i+v}\}$。其中，$v = (L-1)/2$，$L$ 为窗口长度，G_i 为滑动窗口像素的中值滤波输出，$G_i = \text{Med}\{F_{i-v}, \cdots, F_{i-1}, F_i, F_{i+1}, \cdots, F_{i+v}\}$，$\text{Med}\{\cdot\}$ 表示取中值函数。假设 $L = 5$，模板中像素灰度值为 $\{15, 40, 10, 35, 25\}$，则 $G_i = \text{Med}\{10, 15, 25, 35, 40\} = 25$。

考虑输入为如图 3.5 所示的图像，其中的数字为图像的像素值。将 3×3 区域内的所有 9 个像素值，按从小到大的顺序排成序列：4, 4, 5, 6, 6, 6, 7, 7, 15。将该序列中间的值，即从左起第 5 个像素值为 6 的值作为所求像素的像素值。其中，像素值为 15 的像素应该是噪声，应当除去。这是因为其与周围像素的值相差太大，当从大到小排列时，噪声点一般排在端点，所以可以将其当作噪声除去。

5	7	6
4	15	6
6	4	7

图 3.5　图像像素数组

将一维中值滤波概念推广到二维中值滤波。这时取恰当的窗口，将窗口内的像素生成单调二维数据序列 $\{F_{jk}\}$。将二维中值滤波输出 $G(j,k)$ 定义如下：

$$G(j,k) = \mathrm{Med}\{F_{jk}\} \tag{3-2}$$

一般来说，二维中值滤波比一维中值滤波更能抑制噪声。二维中值滤波的窗口形状可以有多种，如线状、方形、十字形、圆形和菱形等，具体选择哪种形状与被处理的图像内容有关。

对图 3.1 的噪声原图进行二维中值 3×3 滤波，滤波后的输出图像如图 3.6 所示。从图中不难看出，采用中值滤波的去噪结果要好于均值滤波（图 3.4）的输出。

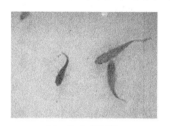 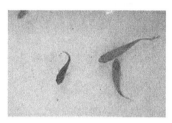

(a) 2次中值滤波　　　　　　　(b) 8次中值滤波

图 3.6　中值滤波效果图

上述中值滤波主要针对一维信息的灰度图，对于多个颜色分量的彩色图像则可以采用矢量中值滤波[4]，矢量的大小和方向代表不同的颜色信息。首先，将待滤波的矢量经过变换，得到新的空间域上的矢量。然后，用中值滤波进行滤波。矢量中值滤波器的输出值为滑动窗口中矢量集合的中值。

对于具有 N 个矢量的集合 $V = \{v_1, v_2, \cdots, v_N\}$，将其通过一个矢量中值滤波器后得到的输出中值矢量记为 $\mathrm{XVM} = \mathrm{VM}\{v_1, v_2, \cdots, v_N\}$，其中 $\mathrm{XVM} \in \{v_1, v_2, \cdots, v_N\}$。对于每个矢量计算它到其余矢量的距离之和 $S_i = \sum_{j=1}^{N} \|v_i - v_j\|$，从中选出最小值，记为 S_k。因此，对应的 VM 即输出的中值矢量，VM 满足 $\sum_{j=1}^{N} \|v_i - v_j\| \leqslant \sum_{i=1}^{N} \|v_i - v_j\| (i, j = 1, 2, \cdots, N)$。

图 3.1 的噪声图像采用矢量中值滤波后得到的效果如图 3.7(a)、(b) 所示。

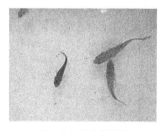 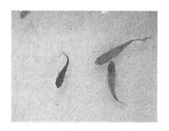

(a) 2次矢量中值滤波　　　　　　(b) 8次矢量中值滤波

图 3.7　矢量中值滤波效果图

3. 低通滤波

以上介绍的滤波都属于空域中的滤波算法,此外还有频域中的滤波算法,如傅里叶变换等。图像经过二维傅里叶变换后,图像中的噪声、细节、边缘频谱一般位于空间频率较高的区域,而图像本身的频率分量处于空间频率较低的区域。滤波的过程就是去除高频部分,从而实现图像的平滑。但是,在使用低通滤波器去除噪声的过程中,有可能损伤图像的边缘和细节的高频部分,导致图像的轮廓边缘和细节变模糊。

总之,图像处理中各种滤波方式都有其适合的应用场景,具体采用哪种滤波方式,需要根据输入图像的特征进行合理的选择。

3.2.3 二维 Otsu 鱼体图像分割算法

1. Otsu 分割算法

一种简单常用的阈值分割算法是基于图像一维灰度直方图来求得分割阈值的一维最大类间方差法 (也称为 Otsu 分割算法)[5]。其基本思路是基于判别式测度准则,在该测度函数取最大值时得到最佳阈值。Otsu 分割算法在图像质量较好和背景稳定变化的情况下,可以取得较好的分割效果。但是,当图像的信噪比较低时,由于这些阈值分割法仅基于一维灰度信息,并没有考虑图像的空间信息,噪声的存在极大地影响了图像的分割效果。

传统的二维灰度直方图阈值分割方法是利用邻域中心像素点及其邻域灰度均值来构建二维灰度直方图。由于很多图像目标区域内部和背景内部的像素点之间的相关性很强,像素点的邻域中心像素点及其邻域灰度均值比较接近,而目标与背景的边界附近像素点以及噪声的灰度值与邻域灰度值之间的差异明显,因此通常选定一组阈值 (S, T),将二维灰度图像分割为如图 3.8 所示的 4 个区域。图中,$f(m, n)$ 为待处理图像的像素 (m, n) 的灰度值,$g(m, n)$ 为像素 (m, n) 的邻域灰度均值,$0 \leqslant f(m, n) \leqslant L - 1$,$0 \leqslant g(m, n) \leqslant L - 1$。其中,区域 0 和目标 (或背景) 对应,区域 1 和背景 (或目标) 对应,区域 2 和区域 3 表示边界点和噪声点。

在鱼体图像分割过程中,鱼体表面会 (如尾鳍等) 呈现透明状,鱼体腹部颜色与背景水的颜色比较接近,因此需要充分利用图像的空间灰度信息,这就有必要改进 Otsu 分割算法。

2. 改进 Otsu 分割算法的实现

当阈值为 (S, T) 时,区域 0 和区域 1 的发生概率为

$$w_0 = \sum_{i=0}^{S} \sum_{j=0}^{T} p_{ij} = w_0(S, T) \tag{3-3}$$

$$w_1 = \sum_{i=S+1}^{L-1} \sum_{j=0}^{T} p_{ij} = w_1(S,T) \tag{3-4}$$

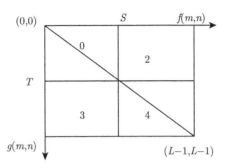

图 3.8　二维直方图

式 (3-3) 和式 (3-4) 中, p_{ij} 表示像素在所有像素中所占的比率, $i = f(m,n)$, $j = |f(m,n) - g(m,n)|$。相应的均值为

$$\mu_0 = (\mu_{0i}\mu_{0j})^{\mathrm{T}} = \left| \sum_{i=0}^{S} \sum_{j=0}^{T} i p_{ij}/w_0(S,T) \quad \sum_{i=0}^{S} \sum_{j=0}^{T} j p_{ij}/w_0(S,T) \right| \tag{3-5}$$

$$\mu_1 = (\mu_{1i}\mu_{1j})^{\mathrm{T}} = \left| \sum_{i=S+1}^{L-1} \sum_{j=0}^{T} i p_{ij}/w_1(S,T) \quad \sum_{i=S+1}^{L-1} \sum_{j=0}^{T} j p_{ij}/w_1(S,T) \right| \tag{3-6}$$

总的均值为

$$\mu = (\mu_i \mu_j)^{\mathrm{T}} = w_0 \mu_0 + w_1 \mu_1 \tag{3-7}$$

区域 0 和区域 1 的距离测度为

$$d(S,T) = w_0[(\mu_{0i} - \mu_i)^2 + (\mu_{0j} - \mu_j)^2] + w_1[(\mu_{1i} - \mu_i)^2 + (\mu_{1j} - \mu_j)^2] \tag{3-8}$$

选取使得 $d = (S,T)$ 最大的 (S,T) 为阈值进行图像分割。通过遍历所有的 (S,T), 求得最大 $d = (S,T)$ 情况下的 (S,T) 为阈值, 利用该阈值进行分割, 具体步骤如下。

(1) 设置一个和原图像一样大小但各元素值全为 "−1" 的矩阵 K。首先将原图像区域 0 中的像素设为背景 (或目标) 点, 将区域 1 中的像素设为目标 (或背景) 点, 然后将对应的矩阵 K 中的相应数值由 "−1" 改为背景值 ("0") 和目标值 ("1")。

(2) 对区域 2、区域 3 中的像素进行处理。对矩阵 K 中的所有 "−1" 数值的点找到原图像相应的位置, 对原图像像素点进行判断。

① 如果该像素值 $f(m,n) \leqslant S$，那么在以该像素为中心像素点的 3×3 模板窗口中统计区域 0 的像素个数和区域 1 的像素个数。按照少数服从多数的原则，将该像素归类到个数多的区域 0 或区域 1 中，即改变矩阵 K 相应的数值，由"-1"改为"0"或"1"。若区域 0 的像素和区域 1 的像素相等，则规定该像素为目标区域。若两者都没有，则说明该像素的周围也都是没有经过判断的区域 2。区域 2 和区域 3 的像素点先不处理。矩阵 K 的相应位置值不变。

② 如果该像素值 $S < f(m,n)$，那么就利用步骤①的方法对每个像素点进行判断，并对相应的矩阵 K 进行值变换。

③ 在完成前一轮判断后，对矩阵 K 中剩余的所有值为"-1"的点按照步骤②进行判断，直到矩阵 K 中没有"-1"的值，即原图像中所有的像素点都被归类为目标或背景。

(3) 通过矩阵 K 得到分割后的二值图像。用两种传统的阈值分割方法（一维 Otsu 分割算法和 Abutable 二维熵分割算法）和本节提出的分割方法对目标图像进行分割对比实验，实验中选取的图片为活动鱼体，其图片尺寸为 320 像素 $\times$240 像素，各种分割效果如图 3.9 所示。

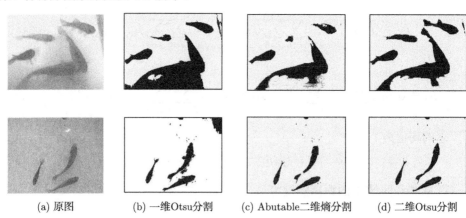

(a) 原图   (b) 一维Otsu分割   (c) Abutable二维熵分割   (d) 二维Otsu分割

图 3.9   分割效果

从图 3.9 的分割效果来看，一维 Otsu 分割算法不能将水面的阴影与鱼体区分开来，噪声干扰比较明显；而 Abutable 二维熵分割算法能将阴影背景分割开，但是在鱼体细节上产生了过分割，丢掉了鱼体的部分信息，使得鱼体形状不完整。本节提出的分割方法不仅能将背景与目标较好地区分开，还较好地保留了目标细节，使得鱼体分割保留比较完整甚至保留了鱼体的尾鳍。

此外，在分割时间上，采用 Abutable 二维熵分割算法求最佳阈值时需要遍历整个解空间 $[0, L-1] \times [0, L-1]$，时间消耗比较大，一般处理图片需要 40s。本节所提出的分割方法不需要遍历整个解空间，算法运算速度明显提高，所需时间只要

60ms 左右。

3.2.4　基于颜色聚类的二次分割算法

采用基于邻域灰度差值的二维 Otsu 分割算法对鱼体图像进行分割,当输入图像的光照环境理想时,其分割效果较好 (图 3.10(a))。但是,在有一定光照且存在水波阴影的情况下,分割效果会受一定影响 (图 3.10(b))。当采集的环境不理想时,如有光照、水波阴影存在的情况下,由于图像灰度值较低,背景与鱼体的灰度值比较接近,仅利用邻域灰度差值为分割参数的二维 Otsu 分割算法并不能将鱼体目标从背景中分割出来。因此,还需要解决以下两个问题。

(1) 识别噪声,将光照、水波阴影等引起的噪声从分割图像中去除。

(2) 对鱼体图像进行再一次修复,进一步改善弱分割和过分割问题。

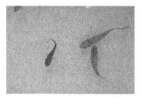

(a) 没有明显光照、水波阴影干扰的分割结果

(b) 有明显光照、水波阴影干扰的分割结果

图 3.10　不同环境下的二维 Otsu 分割

为了解决以上两个问题,可以考虑使用 HSV 颜色空间,基于颜色聚类对鱼体图像进行二次分割。分割算法步骤如下。

(1) 基于领域灰度差值的二维 Otsu 分割算法获取第一步分割结果。

(2) 获取分割目标。

(3) 从原输入图像得到鱼体目标颜色信息。

(4) 利用 HSV 颜色空间对各个目标计算其欧氏距离。

(5) 计算目标鱼颜色欧氏距离与背景欧氏距离的差值。

(6) 根据设定的阈值得到分割目标。

在具体的计算过程中,需要先对不包含鱼体图像的水的颜色信息进行采样,计算其颜色欧氏距离。噪声点的颜色和水体颜色接近,而鱼体与水体有很明显的差距,因此可以通过计算水体样本的颜色距离与目标图像的颜色距离之间的差值,将其与设置的阈值进行比较,就能区别出哪个是噪声,哪个是含有鱼体图像的目标。对判定为噪声的图像在二值分割的图像中设置为背景就实现了噪声去除的目的。图 3.11 给出了算法的分割效果。

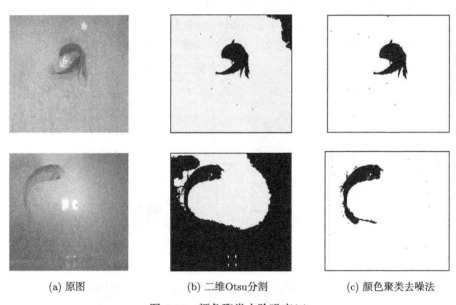

(a) 原图   (b) 二维Otsu分割   (c) 颜色聚类去噪法

图 3.11　颜色聚类去除噪声(1)

在区分出鱼体与噪声的基础上,进一步利用颜色聚类对鱼体图像进行边界修复,解决过分割和弱分割问题。算法的主要步骤如下。

(1) 获取鱼体目标图像的彩色边缘信息。

(2) 确定颜色聚类中心。

(3) 通过聚类算法对彩色边缘进行聚类。

(4) 得到边界轮廓和分割结果。

这里,以目标像素的 HSV 颜色空间的 H 分量的均值作为聚类信息中心值:设 $h^* = \dfrac{1}{N}\sum_{i-1}^{N} h_i$,$h^*$ 为 H 分量的聚类中心,N 为目标像素值,$i = 1, 2, \cdots, N$。

图 3.12 给出了在二维 Otsu 分割算法基础上的颜色聚类二次分割的输出结果。

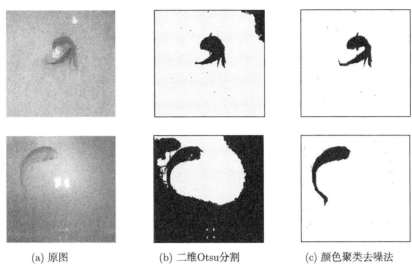

(a) 原图　　　　　　(b) 二维Otsu分割　　　　　　(c) 颜色聚类去噪法

图 3.12　颜色聚类去除噪声(2)

3.3　鱼体骨架中心线识别方法

鱼类游动主要依靠躯干、尾鳍和胸鳍的协调配合。准确地构建鱼体运动模型，通过模型分析提取出运动参数，是分析目标鱼行为的关键。鱼体骨架中心线是一种非常重要的几何特征，它能体现鱼体的拓扑结构。通过构建鱼体骨架线，可以进一步求得鱼体运动参数（如速度、加速度和尾频等）。

3.3.1　骨架中心线拟合

为了求取鱼骨架中心线，首先建立包含未知参数的中心线方程，然后通过曲线拟合的方法求取参数，从而得到完整的中心线方程。曲线拟合就是已知平面上一些表示实验数据的点，找一条满足一定性质的曲线，使它与这些点最接近。曲线拟合的方法有很多，如最小二乘法拟合、指数函数拟合、对数函数拟合等。本节选择指数 $f = a_1 x^{a_2} + a_3$ 对鱼骨架进行拟合，其中 a_1、a_2、a_3 分别表示曲线的拟合系数。

3.3.2　鱼体坐标的建立

将鱼体头部沿身体曲线 1/3 处点设为鱼体质心点 C。沿 C 点作曲线的切线为 x 轴，以鱼体头部方向为 x 轴正方向，以 C 点为原点作 y 轴垂直于 x 轴，以 x 轴的左侧方向为正轴，在 C 点处建立鱼的随体坐标，如图 3.13 所示。

定义 x_0 为身体曲线 1/3 处 C 点的横坐标，则 C 点纵坐标为

$$f_0 = a_1 x_0^{a_2} + a_3 \tag{3-9}$$

即 $C(x_0, f_0)$。

C 点处的曲线斜率为

$$f' = a_1 a_2 x_0^{a_2-1} \tag{3-10}$$

C 点处的切线方程为

$$f = a_1 a_2 x_0^{a_2-1}(x - x_0) + f_0 \tag{3-11}$$

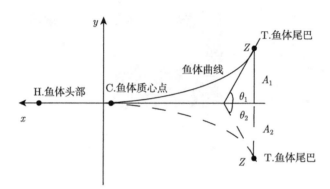

图 3.13　鱼体随体坐标

将式 (3-9) 代入式（3-11）得到 x 轴的方程为

$$f = a_1 a_2 x_0^{a_2-1}(x - x_0) + a_1 x_0^{a_2} + a_3 \tag{3-12}$$

由 x 轴得到的 y 轴方程为

$$f = \frac{-1}{a_1 a_2 x_0^{a_2-1}}(x - x_0) + a_1 x_0^{a_2} + a_3 \tag{3-13}$$

由点 C、x 轴方程和 y 轴方程，构成了鱼体的随体坐标。

在建立鱼体随体坐标之后，沿身体曲线上斜率最大点 Z 作切线与 x 轴交于角 θ，即鱼体尾巴摆动幅度角，而 Z 点到 x 轴的距离 A 即鱼体尾巴摆动幅值。根据定义的随体坐标方向，定义曲线在 y 轴正方向的 θ 和 A 为正，反之为负。图 3.13 中，θ_1 和 A_1 分别表示正方向上的鱼体尾巴摆动幅度角和幅值，θ_2 和 A_2 则表示负方向上的鱼体尾巴摆动幅度角和幅值。

3.3.3　鱼体运动速度的获取

以鱼体运动模型中的质心点 C 为参考点，进行速度的计算。由于两帧相邻图像之间的时间间隔 $d_t = |t_2 - t_1|$ 很小，可以近似地认为在此时间间隔内，鱼体做匀速直线运动，由此可以通过计算这段时间内质心点 C 的移动距离来计算鱼体运动速度。

设 S 表示鱼体两帧之间移动的距离，为

$$S = \sqrt{(y_1 - y_2)^2 + (x_1 - x_2)^2} \qquad (3\text{-}14)$$

其中，(x_1, y_1)、(x_2, y_2) 分别表示鱼体质心点 C 在前一帧和后一帧的坐标点位置。

鱼体运动速度 v 为

$$v = \frac{S}{d_t} \qquad (3\text{-}15)$$

将式 (3-14) 代入式 (3-15) 就得到速度 v 的计算公式：

$$v = \frac{\sqrt{(y_1 - y_2)^2 + (x_1 - x_2)^2}}{d_t} \qquad (3\text{-}16)$$

因此，通过以上的计算可以得到鱼体运动速度。

3.3.4　鱼体运动轨迹

鱼体运动轨迹在一定程度上也反映出鱼体的运动情况，因此这里也将鱼体的运动轨迹作为鱼体运动参数。记录每帧图像的鱼体质心点 C 的位置，可以绘制出如图 3.14 所示的某段时间内的鱼体运动轨迹图。

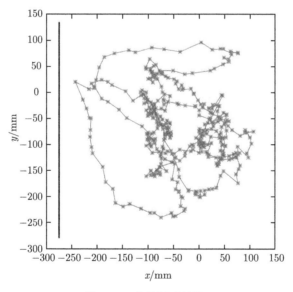

图 3.14　鱼体运动轨迹

3.4　鱼类目标跟踪方法

在使用鱼作为水质监测的生物指示器时，往往待监测的鱼类目标都会超过一条。因此，水质监测应用场景下的鱼类目标跟踪是一个典型的多目标跟踪问题。多目

标跟踪是计算机视觉中的一个重要的研究领域，已被广泛地应用于智能监控、视频压缩和机器人等领域。粒子滤波作为一种非参数化的蒙特卡罗 (Monte Carlo, MC) 模拟方法，在 Isard 和 Blake 提出了 Condensation 算法 [6] 后，开始在计算机视觉跟踪领域得到广泛的应用 [6-9]。粒子滤波的基本思想是用若干个粒子来近似地表示目标状态传播的后验概率，通过非参数化的蒙特卡罗模拟方法来实现递推贝叶斯滤波，可以对非线性、非高斯的系统的状态后验概率进行精度较高的逼近。

在对多个运动目标进行跟踪时，可以对每一个目标使用一个独立的粒子滤波器进行跟踪 [8]，但是由于所有的目标使用的是同一个观测模型，当目标之间相互靠近且相互影响或部分遮挡时，其中个别粒子滤波器就会发生观测错误，使得跟踪失败。为了解决这个问题，本节将介绍在似然观测模型 [10] 的基础上实现多目标交互观测的方法，并将其应用于粒子滤波算法中。

3.4.1　粒子滤波跟踪原理

运动目标跟踪是确定运动目标在视频序列各帧中的状态信息的过程，其实质是通过对系统状态的观测，估计求解当前时刻的目标状态。目标状态主要由目标的运动特征（如位置、速度等）、外观特征（如颜色、纹理等）和统计参数（如耦合系数、传播速率等）等构成。目标状态 $\{x_t, t \in \mathbb{N}\}$ 在视频序列中随时间转移的过程可以表示为

$$x_t = f_t(x_{t-1}, v_{t-1}) \tag{3-17}$$

其中，$f_t : \mathbb{R}^{n_x} \times \mathbb{R}^{n_v} \longrightarrow \mathbb{R}^{n_x}$ 是 x_t 的状态方程；v_{t-1} 是状态转移过程的噪声；n_x 和 n_v 是目标状态和过程噪声向量的维度。

目标状态的观测值是图像信号处理和检测的输出，系统的观测方程为

$$z_t = h_t(x_{t-1}, n_k) \tag{3-18}$$

其中，$h_t : \mathbb{R}^{n_x} \times \mathbb{R}^{n_n} \longrightarrow \mathbb{R}^{n_z}$ 是系统的测量方程；n_k 是系统的测量噪声；n_z 和 n_n 是系统的测量和测量噪声向量的维数。

目标状态的求解过程可以通过贝叶斯公式来实现。将目标的先验知识和目标的状态以及对其观测的结果用贝叶斯概率模型联系起来，并求解表征目标状态的后验概率。目标跟踪是一个连续的过程，目标状态的观测值随着时间不断地更新，随之可以求解得到新的表征目标状态的后验概率。

1. 贝叶斯滤波

贝叶斯滤波的实质是试图用所有已知信息来构造系统状态变量的后验概率密度，即用系统状态的动态模型预测状态的先验概率密度，再通过系统的观测模型对系统状态进行观测，使用最近的观测对先验概率密度进行修正，从而得到后验概率

密度。可以通过观测值 $z_{1:t}$ 来递推计算状态 x_t 取不同值时的置信度 $p(x_t|z_{1:t})$，由此获得状态的最优估计 [11, 12]。贝叶斯滤波过程如图 3.15 所示。

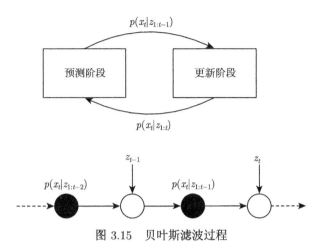

图 3.15　贝叶斯滤波过程

假设已知概率密度的初始值 $p(x_0|z_0) = p(x_0)$，并定义 x_t 为 t 时刻的系统状态（如目标的运动状态），z_t 为对系统状态的观测值（如获取的图像帧等）。贝叶斯滤波的递推过程可以分为以下两步。

(1) 预测。由系统的状态转移概率模型 $p(x_t|x_{t-1})$，实现从概率 $p(x_{t-1}|z_{1:t-1})$ 至先验概率 $p(x_t|z_{1:t-1})$ 的推导。$p(x_{t-1}|z_{1:t-1})$ 是 $t-1$ 时刻的滤波结果，对于一阶马尔可夫过程①，由 Chapman-Kolmogorov 方程 [13] 可得

$$p(x_t|z_{1:t-1}) = \int p(x_t|x_{t-1})p(x_{t-1}|z_{1:t-1})\mathrm{d}x_{t-1} \tag{3-19}$$

由此，得到不包含 t 时刻观测值的先验概率。

(2) 更新。由系统的观测模型，在获得 t 时刻的观测值 z_t 后，实现先验概率 $p(x_t|z_{1:t-1})$ 至后验概率 $p(x_t|z_{1:t})$ 的推导 [14]。

获得观测值 z_t 后，由贝叶斯公式可得

$$p(x_t|z_{1:t}) = \frac{p(z_{1:t}|x_t)p(x_t)}{p(z_{1:t})} \tag{3-20}$$

将观测值 z_t 独立出来，有

$$p(z_{1:t}|x_t) = p(z_t, z_{1:t-1}|x_t), \quad p(z_{1:t}) = p(z_t, z_{1:t-1}) \tag{3-21}$$

---

① 表示 $t-1$ 时刻的状态概率仅与 $t-2$ 时刻的状态概率有关，而与之前时间的状态无关的过程。

代入式 (3-20) 得

$$p(x_t|z_{1:t}) = \frac{p(z_t, z_{1:t-1}|x_t)p(x_t)}{p(z_t, z_{1:t-1})} \tag{3-22}$$

根据条件概率公式可得

$$p(z_t, z_{1:t-1}) = p(z_t|z_{1:t-1})p(z_{1:t-1}) \tag{3-23}$$

根据联合分布概率公式可得

$$p(z_t, z_{1:t-1}|x_t) = p(z_t|z_{1:t-1})p(z_{1:t-1}) \tag{3-24}$$

再由贝叶斯公式可得

$$p(z_{1:t-1}|x_t) = \frac{p(x_t|z_{1:t-1})p(z_{1:t-1})}{p(x_t)} \tag{3-25}$$

将式 (3-23)、式 (3-24) 和式 (3-25) 代入式 (3-22) 得

$$p(x_t|z_{1:t}) = \frac{p(z_t|z_{1:t-1}, x_t)p(x_t|z_{1:t-1})p(z_{1:t-1})p(x_t)}{p(z_t|z_{1:t-1})p(z_{1:t-1})p(x_t)} \tag{3-26}$$

假设各个状态的观测是相互独立的，则有

$$p(z_t|z_{1:t-1}, x_t) = p(z_t|x_t) \tag{3-27}$$

将式 (3-27) 代入式 (3-26) 得

$$p(x_t|z_{1:t}) = \frac{p(z_t|x_t)p(x_t|z_{1:t-1})}{p(z_t|z_{1:t-1})} \tag{3-28}$$

其中，$p(z_t|x_t)$ 称为似然函数，表征系统状态由 x_{t-1} 转移到 x_t 后和观测值的相似程度；$p(x_t|z_{1:t-1})$ 是预测阶段系统状态经过转移所得的先验概率；$p(z_t|z_{1:t-1})$ 是一个归一化的常数。

这样，式 (3-19) 和式 (3-28) 构成了一个由先验概率 ($t-1$ 时刻的后验概率) $p(x_{t-1}|z_{1:t-1})$ 推导至 t 时刻的后验概率 $p(x_t|z_{1:t})$ 的递推过程。

由 t 时刻的先验概率 $p(x_{t-1}|z_{1:t-1})$，利用系统状态的转移模型来预测系统状态的先验概率密度 $p(x_t|z_{1:t-1})$，再通过观测模型使用当前的观测值 z_t 进行修正，得到 t 时刻系统状态的后验概率密度 $p(x_t|z_{1:t})$：

$$p(x_t|z_{1:t}) = \frac{p(z_t|x_t) \int p(x_t|x_{t-1})p(x_{t-1}|z_{1:t-1})\mathrm{d}x_{t-1}}{p(z_t|z_{1:t-1})} \tag{3-29}$$

至此，从理论上推导了通过贝叶斯滤波得到系统状态的后验概率的过程。但是在实际应用中，式 (3-29) 中的积分部分很难计算求解。卡尔曼滤波器 [15, 16] 在假设系统是线性的以及噪声和系统状态的后验概率都是高斯分布的基础上可以对系统状态的后验概率进行最优估计。但在实际系统中，通常很难满足系统线性和噪声高斯分布这样的条件。通常，基于蒙特卡罗方法的粒子滤波可用于解决非线性、非高斯的系统后验概率估计问题。

2. 粒子滤波器

粒子滤波是一种序贯蒙特卡罗（sequential Monte Carlo, SMC）方法，又称为 Bootstrap 滤波或 Condesation 算法 [17]，可以在系统不满足线性和噪声高斯分布的情况下估计贝叶斯滤波的后验概率，因此近年来被广泛使用。其基本思想是通过蒙特卡罗方法 [11] 进行采样，使用一组带有相关权值的随机样本集合的估算来表示后验概率密度。当样本的数量非常大时，这种估计将等同于真实的后验概率密度。

在 t 时刻，系统状态随机变量 x_t 的后验概率密度为 $p(x_t|z_{1:t})$，随机变量的任意函数 $g(\cdot)$ 的数学期望为

$$E[g(x_t)] = \int g(x_t)p(x_t|z_{1:t})\mathrm{d}x_t \tag{3-30}$$

根据蒙特卡罗原理，$E[g(x_t)]$ 可以近似表示为

$$\overline{E[g(x_t)]} = \frac{1}{N}\sum_{i=1}^{N} g(s_t^i) \tag{3-31}$$

其中，离散样本 $\{s_t^i, i = 0, 1, \cdots, N\}$ 是从后验概率分布 $p(x_t|z_{1:t})$ 中产生的 N 个点独立同分布采样序列，当 N 足够大时，$\overline{E(g(x_t))}$ 收敛于 $E(g(x_t))$。

因此，可以通过蒙特卡罗采样的方式对状态的后验概率密度进行估算。

3. 重要性采样

在实际应用中，系统状态的后验概率分布往往是一个未知的非高斯、非线性分布，无法对其进行直接采样。这时，可使用重要性采样 [18] 来对后验概率密度进行间接采样。

重要性采样的基本思想是以一个简单的已知分布 $q(\cdot)$ 作为参考分布，从这个参考分布中随机地产生 N 个带有重要性权值的状态样本 $\{(s_t^i, \pi_t^i), i = 1, 2, \cdots, N\}$，来对贝叶斯滤波的后验概率密度进行近似。$\pi_t^i$ 是状态样本 s_t^i 所对应的重要性权值，可以看成从参考分布产生的样本和真实的后验概率分布之间的接近程度。

由式 (3-30) 得

$$E_p[x_t] = \int x_t \frac{p(x_t|z_{1:t})}{q(x)}q(x)\mathrm{d}x \tag{3-32}$$

根据式 (3-31)，后验概率密度 $p(x_t|z_{1:t})$ 的期望 $E_p[x_t]$ 可以近似地表示为

$$E_p[x_t] \approx \frac{1}{N} \sum_{i=1}^{N} s_t^i \hat{\pi}_t^i \tag{3-33}$$

其中，$\hat{\pi}_t^i = \dfrac{p(s_t^i|z_{1:t})}{q(s_t^i)}$，将其归一化为重要性权值；

$$\pi_t^i = \frac{\hat{\pi}_t^i}{\displaystyle\sum_{n=1}^{N} \hat{\pi}_t^i} \tag{3-34}$$

将式 (3-34) 代入式 (3-33) 可得

$$E_p[x_t] \approx \sum_{i=1}^{N} s_t^i \pi_t^i \tag{3-35}$$

4. 序贯重要性采样

序贯重要性采样 (sequential importance sampling, SIS) [17] 和重要性采样一样属于蒙特卡罗方法，是序贯蒙特卡罗滤波的数学基础。序贯重要性采样可以看成重要性采样的迭代版本，用从参考分布 $p(x_t|z_{1:t})$ 中随机选取的 N 个带有权值的样本对状态的后验概率密度进行估计。随着样本数量的增加，对后验概率密度的估计也变得更为准确。

序贯重要性采样从代表 $t-1$ 时刻的后验概率 $p(x_t|z_{1:t})$ 的样本集合 $\{(s_{t-1}^i, \pi_{t-1}^i), i = 1, 2, \cdots, N\}$ 迭代计算得到带权值的样本集合 $\{(s_t^i, \pi_t^i), i = 1, 2, \cdots, N\}$ 来估计 t 时刻状态的后验概率密度 $p(x_t|z_{1:t})$。因此，重要性权值为

$$\pi_t^i \propto \pi_{t-1}^i \frac{p(z_t|s_t^i)p(s_t^i|s_{t-1}^i)}{q(s_t^i|s_{t-1}^i, z_t)} \tag{3-36}$$

序贯重要性采样算法的伪代码描述如算法 3.1 所示。

算法 3.1　序贯重要性采样粒子滤波算法

输入：$\{s_{t-1}^i, \pi_{t-1}^i\}_{i=1}^N, z_t$

输出：$\{s_t^i, \pi_t^i\}_{i=1}^N$

　for $i = 1 : N$ **do**

　　从参考分布采样 $s_t^i \sim q(x_t|x_{t-1}, z_t)$；

　　根据式 (3-36) 计算样本粒子 s_t^i 的重要性权值；

　end for

序贯重要性采样的主要问题是经过一次或者多次迭代后，粒子的重要性权值会出现负值，这就是粒子退化问题[17]。粒子的退化现象是不可避免的，因为重要性权值的方差是随着时间递减的[12]。可以通过粒子重要性采样解决粒子退化现象[18,19]，其基本思想是去除样本粒子集合中重要性权值过小的样本粒子，使得样本集合中大多是具有较大重要性权值的样本粒子。

粒子重要性采样是从原样本粒子集合中根据一个离散的分布从原样本粒子集合中采样 N 次产生一个新的样本粒子集合 $\{s_t^{i^*}, i = 1, 2, \cdots, N\}$，其基本步骤如算法 3.2 所示。

算法 3.2　粒子重要性采样算法

输入：$\{s_{t-1}^i, \pi_{t-1}^i\}_{i=1}^N, z_t$

输出：$\{s_t^i, \pi_t^i, i^j\}_{i=1}^N$

　初始化 CDF：$c_1 = 0$；

　for $i = 2 : N$ **do**

　　创建 CDF：$c_i = c_{i-1} + \pi_t^i$；

　end for

　$i = 1, u_1 \sim U[0, N^{-1}]$；

　for $j = 1 : N$ **do**

　　$u_j = u_1 + N^{-1}(j - 1)$；

　　while do $u_j > c_i$；

　　　$i = i + 1$；

　　end while

　　重置样本粒子：$s_t^{j^*} = s_t^i, \pi_t^j = N^{-1}, i^j = i$；

　end for

---

5. 粒子滤波算法

一个完整的粒子滤波过程结合了序贯重要性采样和重要性采样两个步骤，是求解递归贝叶斯滤波问题的有效方法。

在粒子滤波中，往往选择状态的先验概率密度 $p(x_t|x_{t-1})$ 作为序贯重要性采样的参考分布 $q(x_t|x_{t-1}, z_t)$。产生新的样本粒子 $s_t^i \sim p(x_t|x_{t-1})$ 时，首先，生成一个过程噪声 $v_{t-1}^i \sim p_v(v_{t-1})$，其中 $p_v(\cdot)$ 是过程噪声 v_{t-1}^i 的概率密度。然后，通过状态方程 (3-17) 生成一个新的样本粒子 $s_t^i = f_t(s_{t-1}^i, v_{t-1}^i)$。

由于采用了 $p(x_t|x_{t-1})$ 作为序贯重要性采样的参考分布，由式 (3-36) 可知样本粒子的重要性权值为

$$\pi_t^i \propto \pi_{t-1}^i p(z_t|s_t^i) \tag{3-37}$$

每一次迭代过程都进行重要性采样，使得 $\pi_{t-1}^i = \dfrac{1}{N}$，$\forall i$。因此，可得

$$\pi_t^i \propto p(z_t|s_t^i) \tag{3-38}$$

一次粒子滤波的迭代过程如算法 3.3 所示。

算法 3.3　粒子滤波算法

输入：$\{s_{t-1}^i, \pi_{t-1}^i\}_{i=1}^N, z_t$

输出：$\{s_t^i, \pi_t^i\}_{i=1}^N$

for $i = 1 : N$ **do**

　　从参考分布采样 $s_t^i \sim p(x_t|x_{t-1})$;

　　计算重要性权值 $\pi_t^i = p(z_t|s_t^i)$;

end for

计算权值的总和：$t = \mathrm{SUM}[\{\pi_t^i\}_{i=1}^N]$;

for $i = 1 : N$ **do**

　　归一化权值：$\pi_t^i = \dfrac{\pi_t^i}{t}$;

end for

重要性采样：$[\{s_t^i, \pi_t^i, -\}_{i=1}^N] = \mathbf{RESAMPLE}[\{s_t^i, \pi_t^i\}_{i=1}^N]$;

　　粒子滤波算法有效地解决了非线性、非高斯的系统状态的贝叶斯估计问题。当使用粒子滤波算法对视频序列中的运动进行目标跟踪时，需要确定运动目标状态的动态模型和观测模型。粒子滤波器根据两个模型进行样本粒子的采样和重要性权值的计算。这两个模型根据具体需要跟踪的目标进行选择和建立，其中系统观测模型的适当选择决定了粒子滤波器对目标跟踪的准确性。

3.4.2　鱼类目标动态模型

　　鱼类目标动态模型决定了目标状态的表示方式和状态的运动转移方式，对应于粒子滤波过程中的先验概率密度 $p(x_t|x_{t-1})$，样本粒子根据目标的动态模型进行采样。鱼类目标动态模型根据目标跟踪应用中需要跟踪的具体目标而建立。一般情况下，目标的状态使用能够代表目标的特征，如位置、形状、大小、颜色和纹理等。而目标状态的运动转移则主要根据目标的运动方式决定，如运动学方程、几何仿射变化等。因此，可采用一个平面的椭圆来近似地表示单个运动的鱼类目标，并用一个简单的一阶方程来对单条鱼的运动进行建模。

1. 鱼类单目标状态转移

　　鱼类目标的状态向量可定义为 $x = [x_c, y_c, a, b, \theta, v_x, v_y]^T$，如图 3.16 所示。其中，$(x_c, y_c)$ 表示目标中心的位置，a 和 b 分别代表目标椭圆的长半轴和短半轴，θ

是目标的倾斜角，v_x 和 v_y 分别是目标在 x 方向和 y 方向的运动速度。

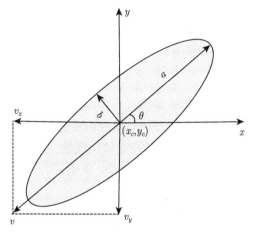

图 3.16　鱼类目标的状态表示

鱼类目标在水中的运动具有很大的随意性，可使用一阶方程来表示鱼类运动目标状态的动态模型：

$$x_t = Ax_{t-1} + bw_{t-1} \tag{3-39}$$

其中，x_{t-1} 表示 $t-1$ 时刻的目标状态；A 是状态的动态转移矩阵；b 是常数；w_{t-1} 表示过程噪声。

动态转移矩阵 A 描述了目标状态的动态转移方式，对于鱼类运动目标，可以用运动学方程来描述运动过程：

$$
\begin{aligned}
& x_c^t = x_c^{t-1} + v_x, \quad y_c^t = y_c^{t-1} + v_y \\
& a^t = a^{t-1}, \quad b^t = b^{t-1} \\
& \theta^t = \theta^{t-1} \\
& v_x^t = v_x^{t-1}, \quad v_y^t = v_y^{t-1}
\end{aligned} \tag{3-40}
$$

在这种情况下，目标状态动态转移矩阵为

$$
A = \begin{bmatrix}
1 & 0 & 0 & 0 & 0 & 1 & 0 \\
0 & 1 & 0 & 0 & 0 & 0 & 1 \\
0 & 0 & 1 & 0 & 0 & 0 & 0 \\
0 & 0 & 0 & 1 & 0 & 0 & 0 \\
0 & 0 & 0 & 0 & 1 & 0 & 0 \\
0 & 0 & 0 & 0 & 0 & 1 & 0 \\
0 & 0 & 0 & 0 & 0 & 0 & 1
\end{bmatrix} \tag{3-41}
$$

过程噪声向量 $w_{t-1} = [\delta_x^{t-1}, \delta_y^{t-1}, \delta_a^{t-1}, \delta_b^{t-1}, \delta_\theta^{t-1}, \delta_{v_x}^{t-1}, \delta_{v_y}^{t-1}]^{\mathrm{T}}$ 附加于目标运动的确定部分，表示鱼类运动目标运动的随意性。w_{t-1} 的每一个分量都是一个高斯白噪声 $G(0, \sigma^2)$，其中 δ_x、δ_y、δ_{v_x}、δ_{v_y} 都服从 $G_{\mathrm{pos}}(0, \sigma_{\mathrm{pos}}^2)$ 分布，δ_a、δ_b 符合 $G_{\mathrm{size}}(0, \sigma_{\mathrm{size}}^2)$ 分布，δ_θ 则符合 $G_{\mathrm{angle}}(0, \sigma_{\mathrm{angle}}^2)$ 分布，下标 pos、size、angle 分别表示位置、大小和角度。

2. 鱼类多目标运动交互

鱼类在运动时不仅具有随意性，而且多个鱼类运动目标在运动的过程中会相互地靠近接触，甚至发生部分或完全的重叠遮挡现象。此时，每个鱼类运动目标之间的运动不再是独立的，而是相互影响的。多个鱼类运动目标在运动时的这种现象可称为目标之间的运动交互作用。

在对多个鱼类运动目标 $\{(x_t^i), i = 1, 2, \cdots, M\}$ 进行跟踪时，每一个运动目标 x_t^i 与其他目标之间的关系有两种情况：独立和交互，如图 3.17 所示。

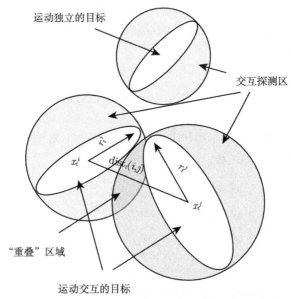

图 3.17　多个目标之间的运动交互

多个运动目标之间的距离可以作为考量目标运动的这两种关系的依据。为此，定义多个运动目标之间的距离矩阵 $D_t[\mathrm{dist}_t(i, j)]_{M \times M}$，即两个目标 x_t^i 和 x_t^j 之间的欧氏距离，该距离定义如下：

$$\mathrm{dist}_t(i, j) = \sqrt{(x_c^{t(i)} - x_c^{t(j)})^2 + (y_c^{t(i)} - y_c^{t(j)})^2}, \quad i = 1, 2, \cdots, M, j = 1, 2, \cdots, M$$

$$(3\text{-}42)$$

目标之间的运动关系矩阵为 $H_t[h_t(i,j)]_{M \times M}$，其中

$$h_t(i,j) = \begin{cases} \mathrm{dist}_t(i,j), & \mathrm{dist}_t(i,j) \leqslant T_{\mathrm{dist}}^t(i,j) \\ \infty, & \text{其他} \end{cases} \tag{3-43}$$

其中，$T_{\mathrm{dist}}^t(i,j)$ 为距离阈值，表示两个目标之间发生运动交互作用的最大距离。T_{dist}^t (i,j) 的取值由目标状态 x_t^i 和 x_t^j 决定，在以椭圆为鱼类运动目标的状态的情况下，$T_{\mathrm{dist}}^t(i,j) = r_t^i + r_t^j$，$r_t^i$ 和 r_t^j 分别表示目标状态 x_t^i 和 x_t^j 的椭圆的长半轴 a_t^i 和 a_t^j。

图 3.17 中，每一个目标 x_t^i 的周围都形成了一个以 r_t^i 为半径的圆形交互探测区域，如果一个目标与另一个目标的圆形交互探测区域有相交部分（即 $\mathrm{dist}_t(i,j) \leqslant T_{\mathrm{dist}}^t(i,j)$），则说明这两个目标发生了运动交互作用。此时，若对目标状态进行观测，则要考虑目标之间的相互影响。

3.4.3　鱼类目标观测模型

鱼类目标观测模型 $p(z_t|x_t)$ 对经过预测阶段后的目标状态进行更新。在粒子滤波过程中，使用观测模型来计算通过序贯重要性采样得到的样本粒子的重要性权值（式（3-38））。观测模型建立得适当与否决定了粒子滤波器对目标跟踪的准确性和排除噪声干扰能力的大小。

在对多目标进行跟踪时，如果每一运动目标的运动都是独立的，则可以对每一目标都使用一个独立的滤波器 (independent particle filter, IPF) 进行跟踪。此时，每一个粒子滤波器在滤波过程中对目标状态的观测也是独立的，不受其他目标的影响。但在现实的视觉多目标跟踪应用中，特别是对多个具有相同的外观特征、运动随意性较大的鱼类运动目标进行跟踪时，目标之间会发生相互靠近、部分或完全遮挡等运动交互作用，目标的粒子滤波器在滤波过程中的观测就不再是独立的，而是受到其他目标的影响。此时，使用 IPF 对目标进行跟踪会因其他目标的观测干扰而失败，导致目标跟踪丢失的情况。因此，本节提出多目标交互观测模型，考虑在对多目标跟踪过程中目标状态观测之间的相互影响，以克服独立粒子滤波在多目标跟踪中的不足。

1. 似然观测模型

采用文献 [10] 中的似然观测模型，将一幅图像分隔成 G 个网格单元 $\{(u_g,v_g) : g = 1, 2, \cdots, G\}$，其中 (u_g,v_g) 表示单元网格 g 的中心。对图像的每一个单元网格 g 使用一组滤波器进行滤波，得到观测值向量 z_g。假设每一个网格的观测值是独立的，对于目标状态 x，可得其观测似然性概率为

$$p(z|x) = \prod_{g \in G(x)} p(z_g|x) \tag{3-44}$$

其中，$G(x)$ 表示目标状态 x 所对应的网格单元集合；$p(z_g|x)$ 是对一个单元网格 g 的似然观测概率；单元格的观测值向量 z_g 对应前景目标或者背景（这是对现实情况的一种简化，有些单元格区域是在目标对象的边缘处，它们既包含了前景目标，又包含了背景）。

给观测单元格 g 赋予标签 l_g 分别表示前景目标（$l_g = 1$）和背景（$l_g = 0$），则

$$p(z|x) = \prod_{g \in G(x)} p(z_g|x) = \prod_{g \in G(x)} p(z_g|l_g) \tag{3-45}$$

为了计算 $p(z_g|l_g)$，使用高斯混合模型来对视频帧的前景目标和背景进行建模[10]：

$$p(z_g|l_g = 1) = \frac{1}{K} \sum_k G\left(\mu_k^{\text{fore}}, \sum_k^{\text{fore}}\right) + \tau_{\text{fore}} \tag{3-46}$$

$$p(z_g|l_g = 0) = \frac{1}{K} \sum_k G\left(\mu_{gk}^{\text{fore}}, \sum_{gk}^{\text{fore}} + \Delta_{\text{back}}\right) + \tau_{\text{back}} \tag{3-47}$$

对于某一个观测单元格的观测值 z_g，有

$$\rho_g = \frac{p(z_g|l_g = 1)}{p(z_g|l_g = 0)} \tag{3-48}$$

ρ_g 表示该单元网格属于前景目标的可能性 $p(z_g|l_g = 1)$ 与属于背景的可能性 $p(z_g|l_g = 0)$ 的比值，该比值越大，说明该观测单元格属于前景目标的可能性越大。

在粒子滤波中，似然性 $p(z|x)$ 用于更新目标状态的样本粒子的权值（式 (3-38)），在实现时可使用 ρ_g 代替 $p(z_g|l_g)$ 进行权值计算，即样本粒子权值

$$\pi(x) \propto \prod_{g \in G(x)} \rho_g \tag{3-49}$$

为了进一步优化计算，引入 $y_g = \ln(\rho)$，定义目标 x 的对数似然观测值为

$$L = \prod_{g \in G(x)} y_g \tag{3-50}$$

因此，可得

$$\pi(x) \propto \prod_{g \in G(x)} \rho_g = \exp(L) \tag{3-51}$$

2. 多目标交互观测模型

在对多目标进行跟踪时，每一个目标分别采用一个独立的粒子滤波器进行跟踪。当目标之间的距离较远时，目标之间没有发生接触和重叠，每一个目标的粒子滤波器对其所有状态粒子的观测都可以看成是独立于其他目标的，目标可以被准确地跟踪。但是，当多个目标之间发生距离接近或部分遮挡等交互作用时，各个目标的观测之间是相互干扰的。如图 3.18 所示，实心线椭圆表示目标在 $t-1$ 时刻的状态 x_{t-1}^1，两个虚线椭圆表示目标产生的两个假设状态 $s_t^{1,(1)}$ 和 $s_t^{1,(2)}$。使用似然观测模型对目标状态粒子 $s_{1,t}^{(2)}$ 进行观测，得到的是与目标靠近的另一个目标的观测值，这使得粒子滤波得到的最终状态会偏离目标的真实状态，并导致目标的丢失。

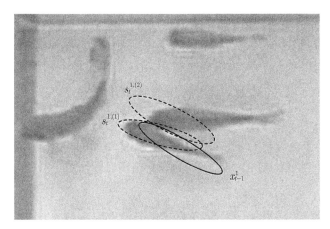

图 3.18 目标之间距离接近时对粒子状态的观测错误

多目标交互观测模型是在独立粒子滤波的似然观测模型的基础上，考虑多个目标状态之间的关系。当多个目标距离较远时，不妨设多个目标状态之间的观测是相互独立的；当多个目标相互靠近甚至发生部分遮挡时，目标之间就会发生交互作用，彼此影响对方目标状态的观测。

在实时的多目标跟踪中，同一目标在相邻两帧中的状态变化不大，由此可以推断目标 x_t^k 在 t 时刻处于 $t-1$ 时刻目标状态的邻近椭圆区域 $D(x_{t-1}^k) = f(x_c^{t-1}, y_c^{t-1}, \lambda_a a^{t-1}, \lambda_b b^{t-1}, \theta^{t-1})$ 中，如图 3.19 中的灰色椭圆区域所示。其中，λ_a 和 λ_b 取大于 1 的值，表示该椭圆区域在原目标状态椭圆的长、短轴上的放大倍数。

区域 $D(x_{t-1}^k)$ 中的观测值是属于目标状态 x_t^k 所独有的，称为观测独占区域。同样，在对目标状态 x_t^k 进行观测时，目标状态 x_t^k 对应的观测区域 $G(x_t^k)$ 与相邻目标 x_{t-1}^i 的观测独占区域所重叠的部分也是不可观测的。

在独立粒子滤波的观测模型的基础上引入观测重叠概率：

$$\varphi(g|H^{t-1}) = \begin{cases} 0, & g \in \left\{ G(x_k^t) \cap \left(\bigcup_{i \neq k} D(x_i^{t-1}) \right) \right\} \\ 1, & 其他 \end{cases} \tag{3-52}$$

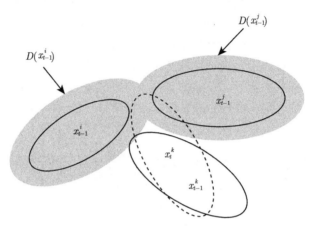

图 3.19　多目标交互观测模型

观测重叠概率表示多个交互目标之间的关系 H^{t-1} 对目标状态 x_t^k 的观测的影响，独立地作用于目标状态 x_t^k 对应的每一个观测单元网格之上，它决定了观测单元网格是否属于目标状态 x_t^k 的概率。因此，在多目标情况下，每一个目标的观测模型为

$$p(z_t^k|x_t^k) = \prod_{g \in G(x_k^t)} p(z_g|x_t^k)\varphi(g|F^{t-1}) \tag{3-53}$$

多目标交互观测模型通过对每一个观测单元格都引入一个重叠概率来考虑多个目标之间的相互影响，尽可能地避免在目标发生交互作用时因目标状态的观测区域包含了邻近目标的观测而发生观测错误，有效地解决了目标靠近或相互遮挡时的目标"跟丢"的问题。

3.4.4　鱼类目标跟踪算法实现

使用粒子滤波器对多个具有相似外观的无规律运动的鱼类运动目标进行跟踪。每一个鱼类目标使用基于多目标交互观测模型的粒子滤波器进行跟踪。假设有 M 个目标在 $t-1$ 时刻的目标状态为 $x_{t-1}^1, x_{t-1}^2, \cdots, x_{t-1}^M$，并为每一个目标状态产生一个具有 N 个状态粒子初始的状态粒子集合 $S_{t-1}^1, S_{t-1}^2, \cdots, S_{t-1}^M$。其中，$S_{t-1}^i = \{s_{t-1}^{i,(n)}, \pi_{t-1}^{i,(n)}, c_{t-1}^{i,(n)}\}_{n=1}^N, i = 1, 2, \cdots, M$。对每一个目标状态使用基于多目标交互观测模型的粒子滤波器进行滤波跟踪，得到 t 时刻的目标状态 $x_t^1, x_t^2, \cdots, x_t^M$，具体计算过程如算法 3.4 所示。

算法 3.4　多目标粒子滤波跟踪算法

输入: $\{x_{t-1}^i, S_{t-1}^i\}_{i=1}^M$

输出: $\{x_t^i, S_t^i\}_{i=1}^M$

　　计算目标之间的关系矩阵 H^{t-1};

　　对每一个目标 $x_t^i, i = 1, 2, \cdots, M$, 使用粒子滤波器进行滤波跟踪;

　　for $i = 1 : M$ **do**

　　　　从参考分布采样 $s_t^{i,(j)} \sim p(x_t|x_{t-1}) : s_t^{i,(j)} = A s_{t-1}^{i,(j)} + B w_{t-1}^i$;

　　　　计算重要性权值 $\pi_t^{i,(j)} = \exp(\sum_{g \in G(s_t^{i,(j)})} y_g \varphi(g|H^{t-1}))$;

　　end for

　　计算权值的总和: $t = \sum[\{\pi_t^{i,(j)}\}_{j=1}^N]$;

　　for $i = 1 : N$ **do**

　　　　归一化权值: $\pi_t^{i,(j)} = \dfrac{\pi_t^{i,(j)}}{t}$;

　　end for

　　估计目标状态: $x_t^i = \sum_{j=1}^N \pi_t^{i,(j)} s_t^{i,(j)}$;

　　重要性采样: $[\{s_t^{i,(j)}, \pi_t^{i,(j)}, -\}_{j=1}^N] = \mathbf{RESAMPLE}[\{s_t^{i,(j)}, \pi_t^{i,(j)}\}_{j=1}^N]$;

　　为了验证算法的正确性, 采集视频大小为 320 像素 ×240 像素的图像帧, 帧率为 15 帧/s。粒子滤波跟踪过程中的目标状态转移模型参数设定如表 3.1 所示, 鱼类运动的前景目标和背景模型按照式 (3-46) 和式 (3-47) 进行计算。其中, 前景模型使用含有 6 个高斯分布的混合高斯模型, 每个高斯分布的参数通过 K-means 聚类方法得到; 背景模型使用含有 3 个高斯分布的混合高斯模型, 高斯分布的参数使用文献 [20] 的在线 EM 方法训练得到。

表 3.1　粒子滤波算法的参数设定

参数	说明	取值
σ_{pos}^2	目标状态的位置和运动速度的过程噪声的方差	0.3×0.3
σ_{size}^2	目标状态的大小的过程噪声的方差	0.3×0.3
σ_{angle}^2	目标状态的倾斜角的过程噪声的方差	5.0×5.0
λ_a, λ_b	表示目标观测独占区域的椭圆在原目标状态椭圆的长、短轴上的放大倍数	1.5

　　通过对视频序列中的 4 个鱼类目标进行跟踪, 分别采用独立粒子滤波跟踪算法和基于多目标似然观测的粒子滤波多目标跟踪算法, 每一个粒子滤波器都使用了 N=200 个粒子, 实验结果如图 3.20 和图 3.21 所示。

　　图 3.20 是对每一个鱼类目标使用独立粒子滤波器进行跟踪的结果中的第 448 帧、第 460 帧、第 478 帧、第 490 帧、第 502 帧和第 514 帧。从结果中可以看到, 在第 460 帧（图 3.20(b)）以前, 4 个鱼类目标相距较远, 当相互之间的运动没有接

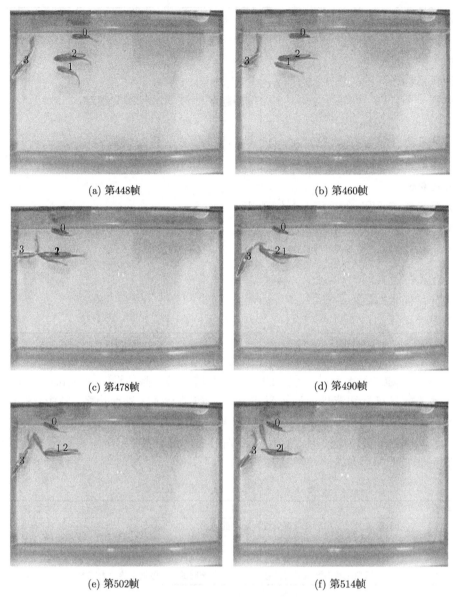

图 3.20　使用独立粒子滤波器跟踪结果

触和影响时，每一个目标上的粒子滤波器都能够成功地对目标进行跟踪。但是，当有目标相互靠近并接触时（如第 478 帧、第 490 帧），其中的一个目标（1 号目标）上的粒子滤波器跟踪失败了，且在后续的帧中（如第 502 帧、第 514 帧）也不能被恢复。

图 3.21 是使用基于多目标似然观测的粒子滤波多目标跟踪算法对同一个视频

序列进行跟踪的结果中的第 448 帧、第 460 帧、第 478 帧、第 490 帧、第 502 帧和第 514 帧。当视频序列中的 4 个鱼类运动目标相距较远，且相互之间没有接触和影响时，该算法也能进行准确的跟踪。当有目标相互靠近时（如第 478 帧、第 490 帧中标号为 1、2、3 的目标），由于该算法使用多目标似然观测模型对相互靠近的目标进行观测滤波，每一目标仍然能被准确地跟踪。

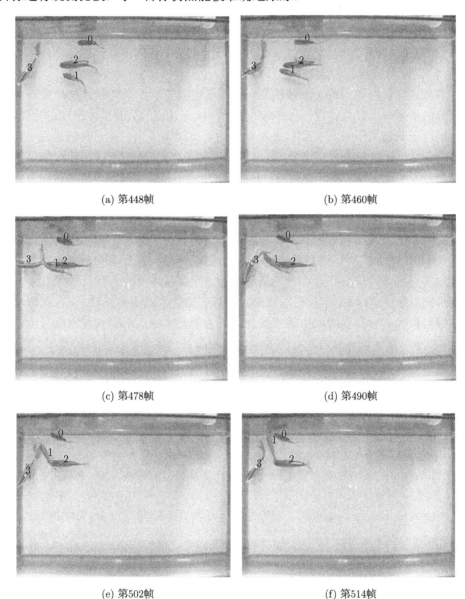

(a) 第448帧　　　　　　　　　　　(b) 第460帧

(c) 第478帧　　　　　　　　　　　(d) 第490帧

(e) 第502帧　　　　　　　　　　　(f) 第514帧

图 3.21　使用本章算法跟踪结果

3.5 小　结

本章介绍了从视频图像中分割鱼体目标的算法。首先，介绍了几种滤波方法，以便对图像进行除噪。然后，利用基于邻域灰度差值的二维 Otsu 算法对鱼体图像进行分割，并对鱼体分割图像再一次利用颜色聚类进行二次分割。结果表明，两次分割算法能有效地去除光照、水波阴影噪声，较好地分割出鱼体目标。此外，通过对鱼体中心线拟合、鱼随体坐标来构建鱼体运动模型，该方法能计算鱼体目标的运动速度、运动轨迹等行为参数。

本章还详细阐述了粒子滤波的原理，即通过蒙特卡罗采样的方法产生一系列带权值的样本粒子对非线性、非高斯的贝叶斯状态过程的后验概率密度进行估计。通过将粒子滤波用于对具有相似外观且运动无规律的多个鱼类目标的跟踪，定义了多个鱼类目标之间的交互作用，提出多目标交互观测模型，解决了使用独立粒子滤波器对多个目标分别跟踪会造成目标丢失的问题，从而实现多个鱼类运动目标的跟踪。

从实验结果中可以看到，多目标似然观测模型可以有效地解决独立粒子滤波器在跟踪多个外观相似、运动无规律的目标时因目标间的运动交互作用而失败的问题，可以对多个鱼类运动目标进行有效的跟踪。但是，基于多目标似然观测的粒子滤波多目标跟踪算法还存在一定局限性，如跟踪前需要对运动目标的前景模型和背景模型分别进行训练，且跟踪效果对目标初始状态的依赖性较大，在跟踪过程中如果对鱼类目标游动时产生的水波光影较为敏感，一旦跟踪失败后就很难再恢复等。此外，粒子滤波过程的计算量较大，随着目标数量和粒子数的增多而增大，多目标跟踪算法的时间复杂度将快速增长。针对以上问题，也可以考虑利用递归神经网络 [21] 来实现实时跟踪。

参 考 文 献

[1] 朱虹. 数字图像处理[M]. 北京: 科学出版社, 2005.

[2] Pratt W K. 数字图像处理[M]. 3 版. 邓鲁华, 张延恒, 等译. 北京: 机械工业出版社, 2005.

[3] Sonka M, Hlavac V, Boyle R. 图像处理、分析与机器视觉[M]. 2 版. 艾海舟, 武勃, 译. 北京: 人民邮电出版社, 2003.

[4] 王建卫. 彩色图像的中值滤波算法的改进与应用[J]. 哈尔滨商业大学学报 (自然科学版), 2006, 22(4): 67-69.

[5] Ohtsu N. A threshold selection method from gray-level histograms[J]. IEEE Transactions on Systems Man Cybernetics, 1979, 9(1): 62-66.

[6] Isard M, Blake A. Condensation-conditional density propagation for visual tracking[J]. International Journal of Computer Vision, 1998, 29(1): 5-28.

[7] Isard M. Visual motion analysis by probabilistic propagation of conditional density[D]. Oxford: University of Oxford, 1998.

[8] Nummiaro K, Koller-Meier E, Gool L V. Object tracking with an adaptive color-based particle filter[J]. Lecture Notes in Computer Science, 2002, 2449(2): 353-360.

[9] 常发亮, 马丽, 刘增晓, 等. 复杂环境下基于自适应粒子滤波器的目标跟踪[J]. 电子学报, 2006, 34(12): 2150-2153.

[10] Sullivan J, Blake A, Isard M, et al. Object localization by bayesian correlation[C]. Proceedings of the 7th IEEE International Conference on Computer Vision, Corfu, 1999: 1068-1075.

[11] Doucet A, Freitas J F G D, Gordon N. Sequential monte carlo methods in practice[M]. Heidelberg: Springer, 2001.

[12] Doucet A, Godsill S, Andrieu C. On sequential monte carlo sampling methods for bayesian filtering[J]. Statistics and Computing, 2003, 10(3): 197-208.

[13] Ross S M. 应用随机过程: 概率模型导论[M]. 10 版. 龚光鲁, 译. 北京: 人民邮电出版社, 2011.

[14] 姚剑敏. 粒子滤波跟踪方法研究[D]. 郑州: 解放军信息工程大学, 2004.

[15] Kalman R E. A new approach to linear filtering and prediction problems[J]. Journal of Basic Engineering, 1960, 82D(1): 35-45.

[16] Welch G, Bishop G. An Introduction to The Kalman Filter[M]. Chapel Hill: University of North Carolina at Chapel Hill, 1995: 127-132.

[17] Maskell S, Gordon N. A tutorial on particle filters for online nonlinear/non-gaussian bayesian tracking[J]. IEEE Transaction on Signal Processing, 2002, 5(20): 174-188.

[18] Bergman N. Recursive bayesian estimation: Navigation and tracking applications[D]. Linköping: Linköping University，2013.

[19] Gordon N J, Salmond D J, Smith A F M. Novel approach to nonlinear/non-gaussian bayesian state estimation[J]. Radar and Signal Processing Iee Proceedings F, 1993, 140(2): 107-113.

[20] Stauffer C, Grimson W E L. Adaptive background mixture models for real-time tracking[C]. IEEE Computer Society Conference on Computer Vision and Pattern Recognition, Fort Collins, 1999: 2246-2252.

[21] He K, Gkioxari G, Dollár P, et al. Mask R-CNN[C]. IEEE International Conference on Computer Vision (ICCV), Venice, 2017: 2980-2988.

第4章   鱼类个体行为预警方法

4.1   引   言

鱼类个体会表现出适应性，即通过感觉器官对外界环境产生相应的行为反应。除了适应性外，鱼类个体行为还会表现出自治性和突现性的特征。自治性指鱼类个体在不同时刻和不同环境，能够自主采取某种行为，而无需外界控制或指令。突现性则指鱼类个体行为存在一定的随机性。然而，能否根据群体行为预测群体内某一个体鱼的行为并没有得到实验验证。本章将通过一个递归神经网络编码鱼群行为参数，并从中解码出鱼群内某一个体鱼的行为。

鱼的尾鳍摆动是其运动的主要驱动力。在构建单条鱼尾频和撞壁动力学模型的基础上，可结合鱼类毒理实验，设计一种基于尾频动力学模型的水质监测方法。该方法通过计算单条鱼的尾频和撞壁率，来反映单条鱼的行为特征，进而表征其游动行为和趋避行为。此外，通过建立单条鱼行为与水质之间关系的计算模型，可获取单条鱼在正常水质与异常水质下尾频和撞壁率的状态值与时间值，运用统计分析比较不同水质下参数的显著性。

此外，当目标鱼在有添加物的水样中游动，其游动轨迹亦有可能发生异常。当水样有异常时，其中的目标鱼会不断尝试逃离。为此，本章将介绍基于目标鱼游动轨迹来判断水样可能发生的变化。该方法将鱼类实时的运动方向、运动位移编辑到轨迹字符串的运动模式中，从而建立一个目标鱼在正常水质下的运动字符串模式数据库。如果水样发生改变，那么当前目标鱼的运动轨迹字符串将不能与数据库中已有的轨迹字符串进行匹配。由此，将水质监测问题转变成一个在数据库中对轨迹进行查询匹配的问题。

4.2   单条鱼行为识别方法

鱼群和很多群集性动物一样，是一种高度协调、活动有序的自组织群体。通常认为昆虫、鸟类和鱼类的个体认知能力较弱，表现出的智能不高。然而，这些个体组成的群体却比个体有更高的感知能力和适应能力。通过观察研究表明，某些动物群体中个体与个体之间存在着相互作用模式，这些模式引导着个体对其他个体的行为信息做出反应，从而调节自身的活动[1]。遵循这些交互模式的规则，大量的个体就有可能形成有序协调的群体。

很多研究者在研究群体间个体相互作用时给出了很多定性和定量的描述, 以及各种用于表示个体间相互作用的公式 [2, 3]。但是, 如何正确地确定模型中的参数, 目前并没有一个非常有效的方法。本节利用机器学习的办法, 通过对行为样本的学习, 对单条鱼行为进行预测。为此, 将设计一种基于状态池神经网络的鱼群个体轨迹预测方法。

4.2.1　状态池神经网络

递归神经网络 (recurrent neural network, RNN) 是人工神经网络中的一种, 与前馈网络不同, RNN 中的神经元存在反馈连接。神经元之间存在的相互连接, 使得 RNN 具有复杂的动力学特性。这些特性使得 RNN 具有较强的非线性系统逼近能力, 可以拟合复杂的非线性系统, 是一种解决非线性时序相关问题的有效工具 [4]。

与前馈型神经网络相比, RNN 的训练过程更加困难。传统的训练方法基于梯度下降原理, 通过误差的反向传播, 对整个网络的连接权值进行调整。误差反向传播算法的计算复杂度较高, 收敛较慢。为了解决这些问题, Jaeger 等提出了回声状态网络 (echo state network, ESN), 只改变递归层与输出层之间的连接权重; 实验结果表明, ESN 具有较好的预测能力, 甚至对混沌时间序列的预测也取得了显著的预测效果 [5]。

由于 ESN 网络结果和学习算法的特征, 可以将其归类为状态池 (reservoir computing, RC) 网络 [6]。状态池网络是一种新型的递归神经网络模型, 递归层一般由一组稀疏的神经元组成, 递归神经元称为状态池。状态池中的神经元之间形成稀疏的递归连接, 其中神经元的信号由输入层激活。在训练过程中, 状态池内部的连接权值保持不变, 只调整状态池层与输出层之间的权重。

状态池网络的结构一般分为三层, 分别是输入层 (input layer, IL)、称为状态池的递归层 (recurrent neural layer, RNL) 和输出层 (output layer, OL), 基本结构如图 4.1 所示。

图 4.1 左侧为输入层, 包含了 L 个输入节点; 向量 $u = [u_1(n), u_2(n), \cdots, u_L(n)]^{\mathrm{T}}$ 表示输入层单元, 其中 $u_i(n)$ 表示输入层第 i 个节点在时刻 n 对网络输入的值。中间层为状态池, 包含了 N 个神经元节点。图 4.1 右侧为输出节点。

用 $x(n) = [x_1(n), x_2(n), \cdots, x_N(n)]^{\mathrm{T}}$ 表示 RNL 的内部状态向量, 其中 $x_i(n)$ 表示 RNL 内第 i 个节点在时刻 n 的发放值。

IL 与 RNL 之间由连接权矩阵 W^{in} 连接, $W^{\mathrm{in}} \in \mathbb{R}^{N \times N}$。RNL 中的节点由稀疏的连接权矩阵 W^{RNL} 表示, $W^{\mathrm{RNL}} \in \mathbb{R}^{N \times N}$。RNL 与 OL 之间由连接权表示为 W^{out}, $W^{\mathrm{out}} \in \mathbb{R}^{N \times M}$。$M$ 为输出节点数。此外, 网络也可以由从 OL 到 RNL 的反馈来连接 W^{back}。

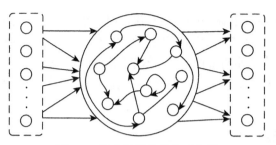

图 4.1   状态池网络结构示意图

用向量 $y(n) = [y_1(n), y_2(n), \cdots, y_M(n)]^\mathrm{T}$ 表示 OL 中单元的发放值, 其中 $y_i(n)$ 表示 OL 中第 i 个节点在时刻 n 的输出值。

RNL 中状态向量随着网络的输入而不断地更新, 网络的状态更新方程为

$$\hat{x}(n) = \mathcal{F}(W^\mathrm{in}(u)(n) + W^\mathrm{RNL}x(n-1) + W^\mathrm{out}y(t)) \tag{4-1}$$

$$x(n) = (1-\alpha)x(n-1) + \alpha\hat{x}(n) \tag{4-2}$$

其中, $\alpha \in (0,1]$ 为耗散率; $\mathcal{F}(\cdot)$ 为激活函数, 通常激活函数为双曲正切函数。

RNL 到 OL 的映射为简单的线性关系, 定义为

$$y(n) = W^\mathrm{out}x(n) \tag{4-3}$$

状态池网络的训练过程是根据给定的训练样本, 确定最优网络输出连接权的过程。网络训练的目标是使系统的输出 $y(n)$ 逼近期望输出 $\hat{y}(n)$, 即

$$\hat{y}(n) \approx y(n) = W^\mathrm{out}x(n) \tag{4-4}$$

网络的训练过程就是求得最佳的输出权值矩阵 W^out, 使得网络的均方误差 (MSE) 值最小:

$$\mathrm{MSE}_\mathrm{train} = \frac{1}{n_\mathrm{max} - n_\mathrm{min}} \sum_{i=n_\mathrm{min}}^{n_\mathrm{max}} \left(\hat{y}(i) - W^\mathrm{out}x(i) \right)^2 \tag{4-5}$$

其中, n_min 为网络状态的开始时刻。

4.2.2 轨迹预测模型

运动目标的轨迹是一条有向的曲线, 用每一时刻鱼的重心点来代表这条鱼。首先, 根据 3.3 节介绍的算法获得鱼目标的轮廓。然后, 根据鱼目标轮廓信息, 计算每条鱼在每一时刻的中心点的位置坐标 (x_t, y_t)。鱼个体的运动轨迹用各个时刻其中心点的集合表示, 第 i 条鱼的轨迹表示为 $S_i = \{(x_1^i, y_1^i), (x_2^i, y_2^i), \cdots, (x_T^i, y_T^i)\}$。

图 4.2 表示了从视频中提取的三条鱼在 10s 内的运动轨迹图, 曲线表示其中心的移动轨迹, 曲线上的箭头表示其运动方向。

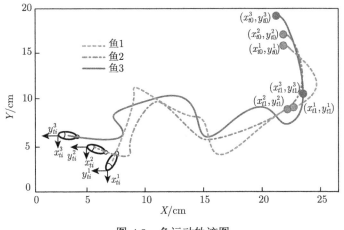

图 4.2 鱼运动轨迹图

为了预测鱼群内某条鱼的游动轨迹, 可以设计一个如图 4.3 所示的状态池网络, 网络包含输入层 (IL)、递归层 (RNL) 和输出层 (OL)。

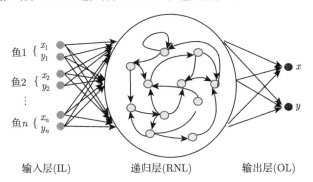

图 4.3 预测单条鱼运动轨迹的神经网络结构

图 4.3 中的 IL 包含输入信号, 由向量 $y = [x_1, y_1, \cdots, x_n, y_n]$ 表示, y 由 t 时刻被预测鱼以外的鱼的中心点 (x_i, y_i) 组成。OL 与 RNL 之间的连接矩阵为 W^{IL}。W^{IL} 中的值服从高斯分布 $N(0, 0.5)$。

RNL 包含 1000 个神经元, 神经元的活性由大小为 $N \times 1$ 的向量 x 表示。RNL 的神经元之间随机相互连接。连接矩阵用一个大小为 $N \times N$ 的稀疏矩阵 W^{RNL} 表示。其中, 每一权重的非 0 项由服从高斯分布 $N(0, g^2/(pN))$ 的随机变量随机产生 ($g = 1.5$, $p = 0.1$)。

RNL 网络的递归过程表示为

$$\tau \frac{\mathrm{d}x}{\mathrm{d}t} = -x + W^{\mathrm{RNL}} \tanh(x) + W^{\mathrm{IL}} y + I^{\mathrm{noise}} \tag{4-6}$$

其中, $\tau = 0.01 \mathrm{ms}$; I^{noise} 为每一个状态池神经元的随机噪声, 在服从 $N(0, 0.001)$

的高斯分布中随机产生。

RNL 通过大小为 $N \times 2$ 的输出权向量 W^{OL} 映射为一个包含两个节点的 OL，OL 神经的活性由向量 z 表示。z 为预测的目标在 t 时刻的中心点的位置。

RNL 网络中被激活的神经元在时刻 t 的活性表示为 $r(t)$，其中 $r(t)=\tanh(x(t))$。RNL 到 OL 之间的连接权重为 w。因此，可得输出为

$$z_k(t) = \sum_{i=1}^{N} w_{ki} r_i(t), \quad k = 1, 2 \tag{4-7}$$

网络将采用递归最小二乘（recursive least squares，RLS）法 [7] 对网络的输出权重 w 进行调整，其更新方程为

$$w(t) = w(t - \Delta t) - e_-(t)P(t)r(t) \tag{4-8}$$

其中，$e_-(t)$ 为时刻 t 网络的实际输出 $w(t - \Delta t)$ 与期望输出 $f(t)$ 之间的差值，即

$$e_-(t) = w(t - \Delta t) - f(t) \tag{4-9}$$

$P(t)$ 为 $N \times N$ 矩阵，它控制着 RNL 神经元与 OL 神经元之间每一个权重调整的比率。这个矩阵在每一步的更新方程为

$$P(t) = P(t - \Delta t) - \frac{P(t - \Delta t)r^{\mathrm{T}}(t)P(t - \Delta t)}{1 + r^{\mathrm{T}}(t)P(t - \Delta t)r^{\mathrm{T}}} \tag{4-10}$$

P 运行之前的初始值为

$$P = \frac{I}{\alpha} \tag{4-11}$$

其中，I 为单位矩阵；α 为常数。

网络训练时，先计算得到每条鱼的运动轨迹，然后随机选取其中一条鱼作为跟踪目标，其他个体的每一时刻的位置作为输入。训练结束后，不再调整输出权重 w，而让网络产生输出。用均方根误差（root mean square error，RMSE）表征网络的预测误差，其计算公式如下：

$$\mathrm{RMSE} = \sqrt{\frac{\sum_{i=1}^{N}[(x_i - \hat{x}_i)^2 + (y_i - \hat{y}_i)^2]}{N}} \tag{4-12}$$

4.2.3 鱼行为轨迹预测结果及其应用

为了验证模型能否预测鱼的游动轨迹，可通过拍摄观测鱼群的游动，以获取各目标的运动轨迹，从而为以上模型的验证提供测试数据。此外，还将通过比较目标鱼在正常水质与异常水质下模型的输出结果，实现对水质异常的预警。

1. 实验方案

让鱼群在实验鱼缸中自由地活动，拍摄时长为 1h 的实验视频，记录这段时间内的活动视频，取其中每条鱼的运动轨迹，记为一组。

通过实验采集 20 组 3 条鱼的运动轨迹数据作为训练样本和测试样本，从 20 组中随机取 10 组为训练样本，每组轨迹时长 60min，一共 600min；其余 10 组为测试样本，每组持续 60min，共 600min。

为了分析更多的邻近个体对目标的影响，这里设计了 10 组 4 条鱼的运动轨迹数据和 10 组 5 条鱼的运动轨迹数据。分析在异常环境下不同鱼条数对系统预测的影响，另外设计了 10 组在 0.15mg/L 的草甘膦溶液中 3 条鱼的运动轨迹数据，如表 4.1 所示。

表 4.1　实验设计

编号	实验水环境	个体数量/条	说明
1	正常	3	训练样本
2	正常	3	测试样本
3	正常	4	不同条数对预测的影响
4	正常	5	不同条数对预测的影响
5	0.15mg/L 的草甘膦溶液	3	异常环境下对预测的影响

2. 实验装置

为了拍摄和记录目标的运动视频，这里设计了一个简单的实验装置，如图 4.4 所示。

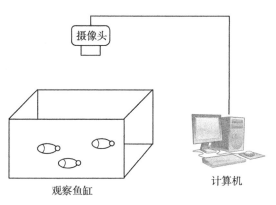

图 4.4　实验装置示意图

实验使用的鱼缸为容积 10L 的白色不透明塑料鱼缸，鱼缸长为 35cm，宽为 25cm，高为 12cm。鱼缸正上方 50cm 处架设一台 CMOS 摄像头，摄像头与计算机相连，对鱼缸进行俯拍。实验所用的水为暴晒 24h 后的自来水，水量为 3L，水深约为 3.4cm, 使红鲫鱼尽量保持在一个二维平面内自由游动。

以上装置全部安放在一个专门为实验定制的机柜中, 机柜内安装有 LED 灯以提供光源。机柜在拍摄过程中保持密闭, 以保证鱼的运动不会受到外界干扰。

3. 实验材料

本节所述实验均采用身长为 3~5cm 的红鲫鱼作为实验对象。在实验前, 先将采购的 50 条红鲫鱼饲养在实验室环境内。饲养缸容积为 60L, 配有内过滤装置和充氧泵。养殖水为暴晒去氯处理后的自来水。室温为 15~25℃, 室内保证每天 14h 有规律的光照。饲养时每周平均喂食 2 次, 更换 1/4 容量的水一次。

4. 实验过程

在实验之前, 随机在养鱼缸内选取所需数量的红鲫鱼, 首先将其放置于实验鱼缸中适应 15min, 然后开始拍摄, 目的是让红鲫鱼适应当前的水环境。15min 后, 在不打开实验机柜的前提下, 通过外部导管向鱼缸中加入少量的水, 目的是与加药情况下的实验进行对比, 排除加药时所造成的影响。每组实验拍摄时长为 1h, 让鱼群在实验鱼缸中自由活动, 记录下这段时间的活动视频, 重复 20 次。

在拍摄草甘膦溶液条件下的视频时, 先按照正常情况下的步骤, 随机选取所需数量的红鲫鱼置于装有未加药的实验鱼缸中, 适应 15min。然后, 在不打开实验机柜的前提下, 通过外部导管向水中加入药剂。控制加入药剂的量, 使之溶于水后达到实验所需浓度。

5. 结果分析

在训练时, 网络根据实际的数据调整输出权重, 使其输出逼近实际的数据。输出数据与实际数据的比较如图 4.5 所示, 实线为鱼类在运动中中心点左边随时间的变化曲线, 虚线为网络输出的数据。

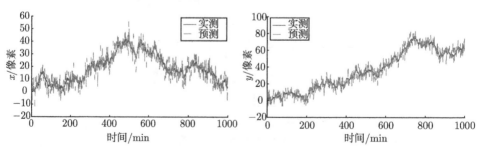

图 4.5   网络训练时输出数据与实际数据的比较

为了验证网络的训练效果, 通过计算输出权重 $|w|$ 和 RMSE 的变化看网络是否稳定以及算法是否收敛。大约 20min 后, $|w|$ 趋于稳定且输出误差 RMSE 从开

始的 8 降低到趋于稳定的 2，说明模型训练 20min 左右可以收敛，如图 4.6 所示。

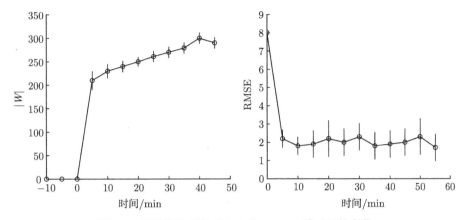

图 4.6　网络训练时权重 $|w|$ 和 RMSE 随时间的变化

利用 20 组的轨迹数据测试模型的泛化能力。测试过程不改变输出权重，预测的结果利用 RMSE 进行计算。如图 4.7 所示，不同群体鱼数量都能获得较好的预测性能，其中平均的测试误差在 4cm 左右。考虑到每组数据有 60min 的时长，因此 4cm 的测试误差表明模型的泛化能力较好。

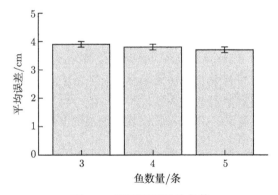

图 4.7　预测不同群体条数

这里对群体条数为 4 条、5 条情况下的预测效果进行了计算（每一种条数各重复 10 次，每次 60min）。以最近邻的 3 条鱼的轨迹作为输入，3 条、4 条、5 条鱼的群体样本的均方根误差无显著的差异（$F(2,57) = 1.67, p = 0.1969$）。因此，模型对不同群体条数的预测能力基本一致。

此外，距离目标鱼最近的 3 条、4 条鱼的轨迹作为输入进行训练，其测试的结果误差均显著大于距离目标鱼最近的 2 条鱼的轨迹作为输入得到的误差，即根据局部的信息所预测得到的结果好于根据全体信息预测的结果。群体输入条数不同时的预测结果如图 4.8 所示，对于 4 条鱼的群体，比较了基于目标与邻近 2 条和 3 条作为输入时的 RMSE，结果存在统计学上的显著差异（$F(1,38) = 27.45, p = 6.27 \times 10^{-6}$），RMSE 分别为 3.8253cm 和 5.4330cm。类似地，对于 5 条鱼的群体，以邻近 2 条和 3 条作为输入时，RMSE 同样存在统计学上的显著差异（$F(1,38) = 66.69, p = 6.90 \times 10^{-10}$）。因此，实验结果表明红鲫鱼个体在运动中，其运动轨迹受到距离其最近的个体的影响，而非受群体中全部个体活动的影响。

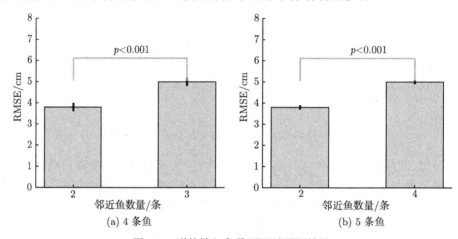

图 4.8　群体输入条数不同时预测结果

　　此外，对暴露在有毒化学物质下的目标鱼的轨迹做了预测。在原有的水样中加入草甘膦，形成浓度为 0.15mg/L 的草甘膦溶液，实验重复 10 组，每组 60min。预测结果如图 4.9 所示，可见草甘膦污染条件下，网络输出的 RMSE 几乎是正常情况下的 2 倍。网络的预测误差有显著差异（$F(1,18) = 37.08, p = 9.38 \times 10^{-10}$）。随着时间的变化，正常环境下的 RMSE 几乎没有明显的变化，而暴露在 0.15mg/L 草

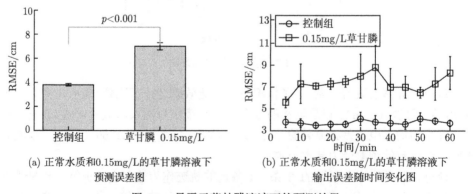

图 4.9　暴露于草甘膦溶液下的预测结果

甘膦溶液条件下的 RMSE 总体上都高于正常环境下，前 5min 的误差有一个明显的上升过程，10~30min 误差缓慢上升，30min 后略有波动，这说明 RMSE 随着环境中草甘膦的加入而发生了变化。因此，该方法可以用于基于鱼类行为的异常水质的检测。

4.3　单条鱼行为决策模型

许多动物（包括人类在内）为了增加寻找到食物的可能性以及躲避各种潜在的威胁，往往选择群聚。群体内的个体决策结果需要维持群体内个体间的紧密耦合度，从而使得聚合在一起的个体能从容应对危险甚至能解决一些复杂的认知任务。影响群体内个体决策的不仅有来自个体经验的信息 [8]，还有来自其他个体行为形成的社会信息，如群体的数量等。已有研究表明，当鱼个体需要从两个可选的群体选择是否加入时，它倾向于加入个体数相对多的群体 [9]。

群体规模的大小对鱼个体的决策行为影响与鱼个体所处的情境有关。在分享食物时，群体规模增大意味着竞争的增加；而在觅食和感知危险时，加入大规模的群体则意味着受益的增加。除了群体规模外，群体的活性也是另一个重要的社会信息。活性是指群体内个体的活跃度，可以用单位时间内的速度来度量。群体活性对个体决策的影响同样也与个体所处的情境有关，在遇到危险时，跟着活性大的群体意味着被捕食的概率增加；而寻觅食物时，选择活性大的群体会增加找到食物的概率。然而，目前很少有研究结果能回答群体活性是如何对个体决策行为产生影响的，特别是在群体规模和群体活性两者存在冲突的情况下单条鱼的决策行为问题。

鱼类在形成群集时，群体内个体之间的交互机制目前依然并不清楚。现有的理论模型表明，群体间的吸引力、对齐和排斥共同形成了"社会力"。可以通过"社会力"来调制个体间的距离，从而使得个体间形成具有一定耦合度的群集模式。因此，本节将通过一个简单的决策模型，来解释群体规模和群体活性这些社会信息如何影响个体的决策行为。

4.3.1　动力学决策模型

为了简化计算，将实际中鱼类个体在三维空间中的偏好选择问题简化为一个在一维空间下的两可选择问题，如图 4.10 所示。假设鱼类个体的运动方向为 x 轴方向，鱼类个体可以选择的游动方向为 x 轴的正方向和负方向。初始时，目标鱼位于 x 轴的原点处。目标鱼的邻近同类位于 x 轴上坐标 1、-1 位置，对目标鱼个体形成两个可供选择的"选项"，标记为 A^+ 与 A^-。

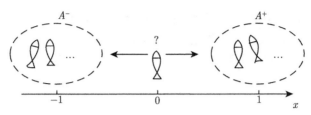

图 4.10   个体鱼面对不同选择的示意图

目标鱼在游动时面对 A^+ 与 A^- 两个"选项"。"选项"在目标鱼个体的吸引范围 r_α 内。A^+ 与 A^- 分别位于坐标轴上。设目标鱼的运动范围为 $[-1, +1]$，即目标鱼可以在两个选项之间的区域自由地游动。规定以个体中心点至选项位置的距离表示个体的选择偏好 $\sigma \in [-1, +1]$，若目标鱼个体靠近坐标 $x = 1$ 或远离坐标 $x = -1$，则认为个体选择了选项 A^+。用 x_t 表示在 t 时刻目标鱼所在的位置，即鱼中心点在 x 轴上的坐标，$x_t \in [-1, +1]$。

假设目标个体感知到其他个体，从而使得目标个体游向更好的选项。个体受到选项吸引，从而游向该选项。在接近（选择）选项后，选项的吸引力随时间衰减，目标鱼可能远离选项。因此，目标鱼的游动并非固定在某个目标处，而是可能在不同位置和选项之间来回游动。

假设群体对个体所产生的刺激作用受群体中个体的数量，以及群体中个体的平均活跃度（速度）的影响。设刺激大小 $h \in [0, 1]$，若某一群体有 n 条个体，这些个体的平均速度为 $\bar{v}$，则该群体选项对个体产生的刺激大小为

$$h(n, \bar{v}) = \frac{s^{(\alpha n \bar{v} + bn)} - 1}{s^{(\alpha n \bar{v} + bn)} + 1}, \quad h(n, \bar{n}) \in [0, 1] \tag{4-13}$$

其中，s 为刺激的可信度；a、b 为调节系数。当 $s = e$、$\alpha = 0.8$、$b = 0.2$ 时，产生的刺激大小 h 与个体数量 n 和平均速度 $\bar{v}$ 的关系如图 4.11 所示。

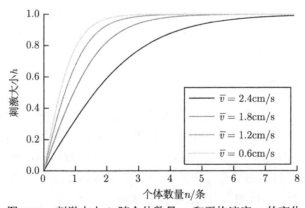

图 4.11   刺激大小 h 随个体数量 n 和平均速度 $\bar{v}$ 的变化

　　从图 4.11 中可以得出, 刺激大小 h 随着个体数量 n 的增加而增大, 在数量增加到最大值 1 后不再变化。在个体数量较少时, 平均速度越大, 则刺激大小 h 越小, h 随个体数量 n 的增长其变化趋势越慢。当个体的数量超过一定阈值之后, 刺激大小 h 达到最大值, 不再变化。由于刺激的产生是离散稀疏的, 每一时刻选项产生的刺激大小 H_t 是一个随机变量, 它以概率 p_h 随机产生刺激作用, 即

$$P(H_t = h(n, \bar{v})) = p_h \tag{4-14}$$

　　设 H_t 服从 0-1 分布, $H_t \sim B(1, p_h)$, $H_t \in [0, h(n, \bar{v})]$。在每一个时刻, 个体鱼会对外界的环境进行感知, 根据自己的偏好和局部环境的信息, 估计这一时刻的运动偏移量 dx_{t-1}:

$$dx_{t-1} = -\frac{x_{t-1}}{\tau} + \beta(1 - x_{t-1})\Delta H_{t-1} + \omega_{t-1} \tag{4-15}$$

$$\Delta H_{t-1} = H_{t_1}^{A^+} - H_{t_1}^{A^-} \tag{4-16}$$

其中, dx_{t-1} 为 $t-1$ 时刻目标在群体偏好影响下的鱼个体位置的偏移量; τ 为衰减率; β 表示外界因素的影响率; H_{t_1} 为随机变量, 表示 $t-1$ 时刻接受到外界信息的多少; ω_{t-1} 为随机因素的影响。

　　个体鱼在下一时刻的位置 x_t 为上一时刻的位置与偏移量之和, 即

$$x_t = x_{t_1} + \lambda dx_{t-1} \tag{4-17}$$

其中, λ 为作用率权重。

　　考虑到 $x_t \in [-1, +1]$, 当 $x_t > 1$ 或者 $x_t < -1$ 的情况发生时, 鱼个体超过了其与邻近个体之间的平行距离。为了保证不与其他个体相互碰撞, 个体将不会再前进而是退回到平行区域, 这里平行区域设为 $x_t = \pm 1$。因此, 个体鱼在下一时刻的位置 x_t 为

$$x_t = \begin{cases} -1, & x_{t-1} + \lambda dx_{t-1} \leqslant -1 \\ x_{t-1} + \lambda dx_{t-1}, & -1 < x_{t-1} + \lambda dx_{t-1} \leqslant 1 \\ 1, & x_{t-1} + \lambda dx_{t-1} \geqslant -1 \end{cases} \tag{4-18}$$

　　上述模型为一维空间下的基于群体语义的单条鱼决策模型。在一维空间中, 鱼个体受到来自相反方向的信息 A^+、A^- 的影响, 但是这种刺激并非随时间连续对个体产生作用, 而是在某一随机的时刻对个体产生刺激, 随后衰减; 这个来自某一方的刺激驱动鱼个体的行为运动, 使其游向（或远离）该信息。当个体选择了该选项即靠近该选项所在的区域后, 选项所产生的刺激衰减, 对个体的影响减弱, 此时个体或再受到其中一边的刺激, 因此个体不断地在两个选项之间游动。模型模拟的决策游动结果如图 4.12 所示。

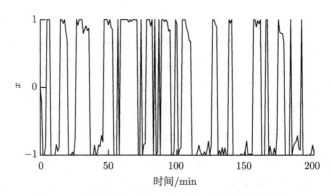

图 4.12   模型模拟鱼在两个决策过程中的游动结果

1. 实验环境

为了分析不同群体语义对个体决策行为的影响, 对在不同社会信息条件下个体鱼的行为进行测试。通常会设计 T 形、Y 形和一字形等观测水槽装置用于研究个体鱼的决策行为 [3, 10]。但 T 形和 Y 形实验装置只适用于进行一次性的选择实验, 无法研究选择行为随时间的变化情况。因此, 这里设计了一个三室并排的一字形实验容器, 如图 4.13 所示。

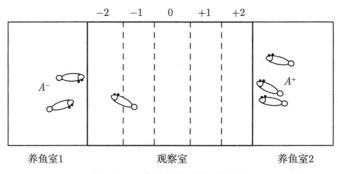

图 4.13   实验鱼缸俯视示意图

实验容器为长为 46cm、宽为 18cm、高为 20cm 的水箱, 水箱四周白色不透明。实验容器左右各有一个透明玻璃缸, 将整个实验水箱分为三个部分: 养鱼室 1、观察室、养鱼室 2。左右两个养鱼室的长度均为 15cm, 观测室长为 16cm。被观测的目标鱼位于观察室中, 可以看见养鱼室 1 和养鱼室 2 内的物体, 但无法进入。通过对养鱼室 1 和养鱼室 2 设置不同的条件, 形成不同的实验条件, 分别对应条件 A^+、A^-。因此, 目标鱼就置身于一个具有两选项的环境。为了方便计算, 在观察室设置了 4 条实际中并不存在的虚线。虚线将观察室水平方向平均分成 5 个区域, 每个区域宽约为 2cm。区域用 $k \in \{-2, -1, 0, 1, 2\}$ 表示。

实验时,在实验装置中加入一定量暴晒过的自来水,三个室中水面高度保持一致,水深保持在 3.5cm 左右,使所有的鱼个体保持在同一平面上。采用身长 4cm 左右的红鲫鱼作为实验对象。选择个体大小相近、颜色相似的个体,以排除个体差异造成的影响。实验时,观察被观测鱼在 10min 内的活动,利用 CMOS 摄像头获得鱼的运动视频数据。

2. 实验过程

在处理不同邻近数量个体对鱼行为的影响时,选择外形相近的个体,两边的个体数量不同。在处理活跃度不同个体对鱼行为的影响时,通过在两边放置数量相同的个体,对两边做不同的处理以产生运动速度的梯度。一般采用两种方式,一是将个体置于 0.15mol/L 的草甘膦溶液中 1h,以降低其活跃度;二是对正常的个体,人为对其进行扰动,从而提高鱼的活跃程度。通过这两种方法可产生速度上的梯度。在处理邻近个体数量不同、个体活跃度也不同的情况时,在两边放置数量不同的个体,通过人为方式对个体数量较少的一边进行扰动,以提高鱼的活跃程度。

在实验之前,从养鱼缸内随机选取所需数量的红鲫鱼分别放入左右两个养鱼室。此外,为了排除实验环境的影响,对于不同的条件随机将鱼放在左边或者右边。先将其放置于实验鱼缸中适应 5min,然后随机在养鱼缸内选取一条红鲫鱼作为观测对象,放入观察室内,开始拍摄。拍摄时长为 10min,记录下鱼的自由活动的视频。以上记为一次实验。重复 10 次以上实验记为一组实验。

3. 数据分析

在处理数据时,通过对视频的处理获取被观测鱼的中心点,以中心点 $Z(x,y)$ 代表被观测鱼,中心点处于区域 k 则代表该条鱼在区域 $k \in \{-2, -1, 0, 1, 2\}$。以个体到两个选项的距离代表个体的偏好,以个体对某个选项的亲密时间与全部时间的比例代表个体选择某个选项的概率。统计每个实验中被观测鱼在各个区域的时间比例,用 r_k 表示一次实验中被观测鱼停留在区域的频率:

$$r_k = T_k/T \tag{4-19}$$

其中,T 表示一次实验的总帧数,实验摄像机帧率为 15 帧/s,10min 共 9000 帧;T_k 表示一次实验中被观测鱼的中心点出现在区域 k 的总次数。

图 4.14 显示了一帧视频下的红鲫鱼的活动分布。图 4.14(a) 显示了条件 A^- 有 3 个个体、条件 A^+ 存在 1 个个体的情况下,被观测鱼靠近最左边的区域 $k = -2$。图 4.14(b) 显示了条件 A^- 有 2 个个体、条件 A^+ 存在 3 个个体的情况下,被观测鱼靠近最右边的区域 $k = 2$。

图 4.14   不同条件下红鲫鱼活动图

4.3.2   邻近个体数量

通过观测和计算每组实验内被观测鱼在各个区域的频率，可发现红鲫鱼并非单独地一直停留在某个区域，而是在实验鱼缸中的各个区域来回游动，且其在每个区域停留的时间不同。当面对选项室中不同数量的同类时，在靠近两侧的区域停留的时间比例大于在中间区域停留的时间比例，在靠近数量较多的同类个体的区域所停留的时间比例高于较少的区域。

将条件 A^+ 设置为 1 条鱼，作为参照基准，对不同邻近个体的数量对单条鱼的影响进行分析，如图 4.15 所示。图中横坐标表示目标鱼所在的活动范围的区域 k，纵坐标表示实验中目标鱼在对应区域停留的时间占所有时间的比例 r_k。从图中可以发现，红鲫鱼在面对不同数量的同类时，会更靠近数量多的同类，而在远离同类的中间区域停留的时间比例很少，这一点符合个体之间的"相互吸引"原则。在两边都是 1 条鱼的情况下，被观测鱼在区域 $k = -2$ 的概率与在区域 $k = 2$ 的概率基本相同，没有显著差异（$F_{1,18} = 5.51 \times 10^{-4}, p = 0.9816$）。在两边个体数量不同的情况下，表现出不同的概率。

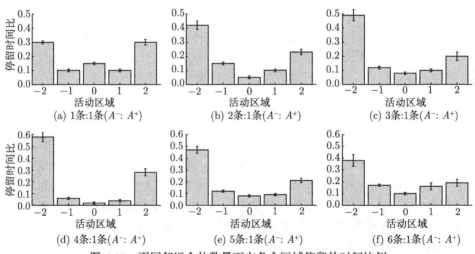

图 4.15   不同邻近个体数量下在各个区域停留的时间比例

设被测试鱼处于 $k = -2$ 区域表示它选择了靠近左边的选项，处于 $k = 2$ 区域表示选择了靠近右边的选项。图 4.16 表示被测试鱼趋向条数不同、活跃度相同时不同选择的比例，选项 A^+ 与选项 A^- 的条数比例分别为 0:1、1:1、1:2、1:3、1:4、1:5、1:6。随着两边条数差异的增加，目标鱼选择数量多的一边的比例逐渐增加，在 4~6 条时基本保持不变，而选择数量少的一边的比例不断减少。在 $\Delta N = 0$ 的情况下，即两边都为 1 条鱼时，被测试鱼选择左边和右边的概率相近，经检验无显著差异（$F_{1,18} = 5.51 \times 10^{-4}, p = 0.9816$）。而在 $\Delta N \geqslant 1$ 的情况下，从选择两边的概率开始就出现显著性差异。

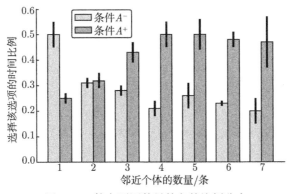

图 4.16　趋向不同数量的鱼的比例分布

选项 A^- 的个体数量 $n = 2$ 条和 $n = 3$ 条之间有显著差异（$F_{1,18} = 7.93, p = 0.0124$），而个体数量 n 在 3、4、5、6 条之间并无显著差异（$F_{3,36} = 1.2, p = 0.3368$）。说明当个体数量超过一定的阈值之后，个体数量产生的刺激作用便不再增加。

为了验证模型的效果，可计算不同条件下数量的相对差异 $\Delta N/N$ 与刺激的大小差异 Δh 的关系。用实验数据转换得到两边刺激的差异 Δh，$\Delta h = \alpha(r_{-2} - r_2)$，$\alpha = 1.8$ 并用模型拟合。结果如图 4.17 所示。

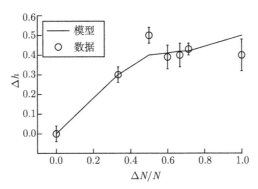

图 4.17　Δh 与 $\Delta N/N$ 的关系

图 4.17 显示了 Δh 与 $\Delta N/N$ 的关系, 在速度条件相同的情况下, Δh 随着 $\Delta N/N$ 的增长而增加。其中, 模型的参数 $\tau = 10, \beta = 10$, 阈值 $t = 0.5$, $s = e, \alpha = 0.8, b = 0.2$, 平均速度 $\bar{v} = 1.2\text{cm/s}$。由图 4.17 可知, 模型能够较好地拟合速度不变而个体数量变化下的实验数据。

4.3.3 邻近个体活跃度

为了进一步研究影响个体行为决策的社会性因素, 这里对不同社会信息条件下个体鱼的行为进行分析。下面以单条鱼个体为基准, 观测鱼个体面对不同活跃的邻近个体的选择行为。在两种活跃度梯度下进行实验, 实验安排如表 4.2 所示。

表 4.2 实验设计

编号	条件 A^+	条件 A^-	条数	说明
1	活跃度正常	活跃度低	1	10 组
2	活跃度高	活跃度正常	1	10 组

实验结果如图 4.18 所示, 区域 -2 靠近条件 A^-, 条件 A^- 的个体速度比条件 A^+ 大; 区域 2 靠近条件 A^+, 条件 A^+ 下的个体速度比条件 A^- 小。被测试鱼位于 -2、2 区域, 就表示它选择了条件 A^- 或者条件 A^+。在不同的活跃度下, 个体的选择行为有明显差异 ($F_{1,39} = 23.67, p = 1.82 \times 10^{-5}$)。

以个体的运动速度为自变量 x, 选择该条件的时间比例为应变量 y。根据回归分析, 得到各个样本的散点图和回归曲线如图 4.18 所示。

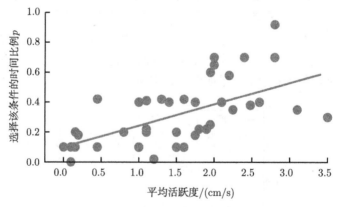

图 4.18 速度与个体的选择分布情况

个体正常的运动速度为 $1.15\sim2\text{cm/s}$, 意味着速度小于正常速度, 则选择该条件的概率较小。而当速度大于正常速度时, 选择该条件的概率较大。从图 4.18 中可以得出, 活跃度与个体选择的概率成正相关。随着个体活跃度的增加, 游速增加,

邻近个体游向该个体的概率也随之增大。图中的回归方程为

$$p = 0.136v + 0.122 \tag{4-20}$$

为了研究被测试鱼趋向条数相同、活跃度不同的选项的时间比例分布，这里设计了 6 次重复实验，每次实验重复 10 组，条数均为 16。条件 A^+ 的样本为受到轻微刺激的样本；条件 A^- 的样本为正常样本，其活跃度小于受到轻微刺激的样本。

在不同条数下，两边个体的平均速度均存在显著的差异，如图 4.19 所示。目标鱼的选择偏好与两边个体的数量有关，即在两边个体数量为 1 或 2 的情况下，目标鱼亲近速度较大的一边的时间比亲近速度较小的一边的时间长，且差异显著（两边各为 1 条鱼时（$F_{1,38} = 23.67, p < 0.05$），两边各为 2 条鱼时（$F_{1,38} = 4.78, p < 0.05$））。随着条数的增加，两边选择的差异不断减小。在邻近个体超过 3 条以后，即使两边在活跃度上有差异，经检验个体的选择也无显著差异。

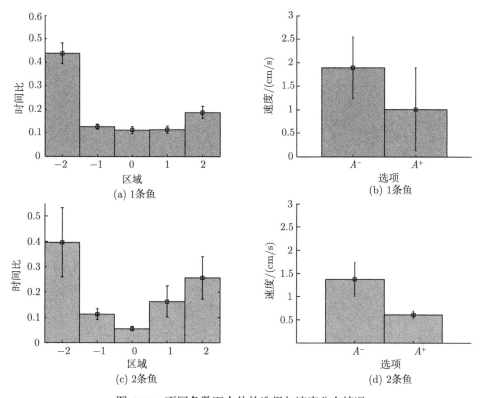

图 4.19　不同条数下个体的选择与速度分布情况

4.3.4　个体数量与活跃度的交互

重复邻近个体数量对决策影响的实验，在不同个体数量上的条件下考虑加入

活跃度条件。在条数为 1 的一侧引入活跃度对个体决策影响的实验的处理方法，通过人为扰动提高这一侧个体的活跃度。在以一条受外界刺激的鱼为基准的实验情况下，测试不同条数和不同活跃度两者共同影响下的单条鱼的决策行为，结果如图 4.20 所示。图 4.20 中，条件 A_1^- 个体的速度大于条件 A_2^- 个体的速度。当条件 A^- 的鱼个体的活跃度增大后，被测试鱼选择条件 A^+ 的比例有所下降，与正常情况产生差异。但是，这种差异随着群体中个体数量的增加而减小，如图 4.21 所示。

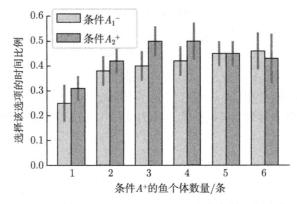

图 4.20　趋向不同数量和不同活跃度的鱼的比例分布

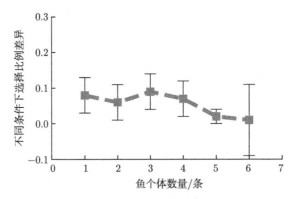

图 4.21　选择差异与群体数量的关系

计算不同条件下数量的相对差异 $\Delta N/N$ 与刺激 Δh 的大小差异的关系，并用模型进行数据拟合，结果如图 4.22 所示。通过对比实验数据 1 与实验数据 2，可知模型能够拟合不同速度情况下的实验数据。实验数据 1 中，条件 A^+ 和条件 A^- 下的平均速度相同，均为 $\bar{v}_1 = 1.2\text{cm/s}$；而实验数据 2 中，条件 A^- 的平均速度 $\bar{v}_1 = 1.8\text{cm/s}$ 大于条件 A^+ 的平均速度，从而形成速度差异。式（4-15）的参数 $\tau = 10, \beta = 10$，阈值 $t = 0.5$，式（4-13）的参数 $s = e, \alpha = 0.8, b = 0.2$。因此，模型也能够较好地拟合个体数量和平均速度同时变化下的实验数据。

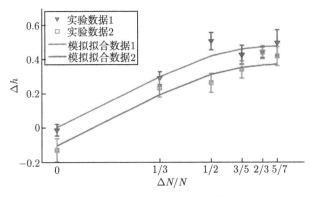

图 4.22　Δh 与 $\Delta N/N$ 的关系

4.4　基于尾频的预警方法

鱼类在自然环境中呈现出各种不同的生理状态和行为状态，如捕食、焦虑、逃避和休息等。研究表明，鱼类可在背鳍、胸鳍和尾鳍的协调作用下，进行一系列的行为运动，如加速、转弯和浮游等。其中，尾鳍是鱼类运动的主要驱动力[11, 12]，鱼类通过尾鳍的摆动，控制鱼体游动的起步、游速等。正常的摆尾能使鱼平稳地游动并保持一定的运动规律，而非正常的摆尾（如摆尾频率过快、摆尾幅度过大）会使鱼类呈现出异常的游动。因此，尾鳍摆动是鱼体游动时最直观的现象。

已有的研究常常把尾频作为鱼类行为特性的参数。其中，Ferry 和 Lauder 建立了鱼尾鳍的运动模型[13]。Wu 和 Zeng 设计了一种测量自由游动鱼行为的视频系统，重点分析了鲫鱼在前游、倒游和拐弯 3 种运动模式下的身体曲线以及尾鳍和胸鳍的运动参数[14]。Chen 等提出了鱼体尾频运动模型，以此获取了鱼体的尾频、速度、加速度等参数[15]。Cheng 等提出了基于欧氏距离变换的鱼体体干提取方法，更好地建立鱼体体干运动模型[16]。杨晗等分析了鱼体尾鳍的缺失对鱼游泳能力和行为的影响[17]。Ohlberger 等证明了鱼体尾部拍打包含高度结构化的和可预测的活动序列，并发现了尾频能被用来估计鱼的活性代谢率[18]。同时，鱼体尾部摆动的频率和幅度也影响鱼类的游动速度[19]。特别是，程炜轩等提出了通过尾频的信号能检测出微囊藻毒素和孔雀石绿这两种毒物[20]。因此，尾部摆动的情况是鱼类生命体征及运动活性的一个表征，水质的变化能引起鱼尾摆动的异常。

4.4.1　尾频建模

为了得到目标鱼的尾频，首先根据 3.3 节的方法得到鱼体轮廓，然后进一步提取鱼体骨架或中心线来确定鱼体的特征点。鱼体主要特征点包括中心点、尾点、头点和躯干宽度等。

针对物体的骨架提取已有大量的研究 [14-16,21-23]。然而，已有模型尽管可以提取目标鱼的骨架信息，但是都存在计算量过大的问题。在 3.3 节方法的基础上，可简化其中的计算以得到目标鱼的中心点、头点和尾点等参数。

为了达到鱼体体干快速准确提取的目的，可以通过计算鱼体轮廓边界点的几何中心来得到鱼体中心坐标点，将该坐标点作为鱼体的中心点。已知某一时刻的鱼体轮廓点集为 $U = \{(x_1, y_1), (x_2, y_2), \cdots, (x_n, y_n)\}$，不妨设中心点为 $\mathrm{CP} = (x_{\mathrm{cp}}, y_{\mathrm{cp}})$，那么中心点的计算如下：

$$x_{\mathrm{cp}} = \frac{1}{n} \sum_{i=1}^{n} x_i, \quad y_{\mathrm{cp}} = \frac{1}{n} \sum_{i=1}^{n} y_i, \quad (x_i, y_i) \in U \tag{4-21}$$

选取轮廓上的所有点进行平均运算来求鱼体中心，这样可以减小轮廓边缘毛刺点的影响。红鲫鱼尾部较长，且中心点离头部较近，因此遍历轮廓上所有点，找到距离中心点最远的点作为尾点 $\mathrm{TP} = (x_{\mathrm{tp}}, y_{\mathrm{tp}})$。

鱼体轮廓上的点到中心点的距离为

$$D = \sqrt{(x_{\mathrm{cp}} - x_i)^2 + (y_{\mathrm{cp}} - y_i)^2} \tag{4-22}$$

由于鱼体柔韧性较好，扭动时头部、躯干中心和尾部所形成的角度几乎不可能小于 90°。因此，在获取中心点和尾点后可以用这一特征来确定头点。通过遍历鱼体轮廓点，在满足角度大于等于 90° 的点中，找到距离中心点最远的点 $\mathrm{HP} = (x_{\mathrm{hp}}, y_{\mathrm{hp}})$ 作为鱼头点，如图 4.23 所示。

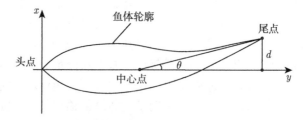

图 4.23　鱼体轮廓模型原理图

在获取鱼体特征点后，定义鱼体头点与中心点的连线为身体中心线，以便于之后鱼体行为参数的描述。通过观察可知，鱼体在摆尾时候，尾部以身体中心线为中线来回摆动。因此，幅值为尾点到身体中心线的垂直距离，幅角则设为尾点和中心点的连线与身体中心线的夹角（锐角）。定义幅角从前一帧的 0° 到下一个帧的 0° 且两帧之间幅角超过 5° 为一次完整的摆尾运动。用 m 来统计单位时间 t 内摆尾的次数，则尾频值 p 的计算公式为 $p = m/t$，单位为 Hz 或次数/min。尾频定义为在连续的 15 帧之内尾鳍摆动的次数。

4.4.2　鱼撞壁行为建模

通过实验观察发现，单条鱼在正常情况下要么静止不动，要么缓慢地沿着鱼缸壁游动，很少会碰到鱼缸壁。然而，在异常情况下（如水体受到污染或外界人为干扰等），鱼会频繁地撞击鱼缸壁，头部紧贴着鱼缸壁快速地扭动身体并不断游动，想要逃离该环境，甚至偶尔做跳跃状，呈现出焦虑的状态[24, 25]。因此，鱼体的撞壁情况也是判断水质是否发生变化的重要参数之一。

为了判断红鲫鱼是否在撞击鱼缸壁，定义水平面与鱼缸壁的交线为水边缘，如图 4.24 所示。由于摄像机俯拍有一定的变形，鱼缸内的水存在一定的深度，鱼体有可能撞击水深处的鱼缸壁，而摄像机中捕捉不到鱼头触及水边缘的情况。因此，将比水边缘向内小 3 个像素值的环形圈设为撞壁边界。当鱼头点在 15 帧（1s）中连续超过 3 帧触碰到撞壁边界时，就认为在该秒内鱼出现撞壁情况。因此，撞壁率是鱼在指定时间内出现的撞壁次数。

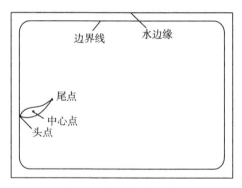

图 4.24　鱼体撞壁示意图

图 4.25(a) 为红鲫鱼原始图像；图 4.25(b) 为红鲫鱼在正常水质下的灰度图像；图 4.25(c) 为红鲫鱼在异常水质下的灰度图像。红鲫鱼在正常水质下游动平缓，尾鳍摆动频率低，在异常水质下游动激烈，尾鳍摆动频率高并伴随着不断撞壁的现象。图 4.25(b)、图 4.25(c) 中的黑色环形区域为人工绘制的鱼缸边界线，系统将边界线存储在特定结构体中，用于分析碰壁行为。

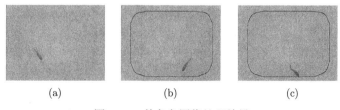

(a)　　　　　　　　(b)　　　　　　　　(c)

图 4.25　单条鱼图像处理结果

图 4.26 给出了某个时间段内鱼体尾部摆动的摆角、摆幅和尾频。图 4.26(a)
为 60 帧内的尾部摆角；图 4.26(b) 为 60 帧内的尾部摆幅；图 4.26(c) 为 60s 内的
尾频。

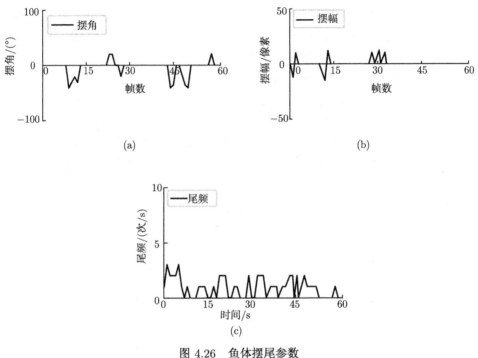

图 4.26   鱼体摆尾参数

4.4.3   尾频和撞壁反映水质变化

选取红鲫鱼作为实验生物指示器来进行生物毒理实验。红鲫鱼是亚洲地理分
布广泛的一种冷水鱼，适应能力强、繁殖率高且具有很强的群聚性。红鲫鱼体色鲜
艳，个体较大，尾部较长，摆尾特征明显，在水生活环境受到改变时，红鲫鱼应激
反应比较明显，且视频容易捕捉到该变化，是水污染生物监测中较重要的模式生物
之一。因此，本节采用红鲫鱼作为受试生物。

所选取的红鲫鱼身长为 5~7cm，尾部长度为 2~3cm，实验所用红鲫鱼为 60
条。红鲫鱼在实验室养鱼缸内适应一周的时间，养鱼缸的容积为 60L，配有内外过
滤的过滤器和充氧泵，养殖水为除氯加黄粉（防止鱼体烂尾）的自来水，以确保红
鲫鱼在饲养环境中能正常生活。水温为 8~12℃，室温为 20~25℃，室内光照每天
14h 循环（从 8 点至 22 点）。红鲫鱼人工喂食每两天一次，养鱼缸换水（1/3 的水）
每四天一次。

使用的实验药物分别为氢氧化钠（NaOH）溶液和草甘膦异丙胺盐溶液（Nphosphonomethylglyline，简称为草甘膦溶液）。氢氧化钠溶液用于很多行业的生产，大多在造纸、纺织和肥皂等化工基地，高浓度的氢氧化钠溶液会导致水体的 pH 升高，碱性环境会影响鱼类的游泳习性。氢氧化钠溶液的浓度为 1.0mol/L，实验所涉及溶液的浓度为 0.02g/L；草甘膦是一种非常有效的除草剂，被广泛地应用于农业生产中，是当今世界上生产量较大的农药，而过多地使用草甘膦，会导致水体的严重污染，从而使鱼类出现异常行为。草甘膦溶液的有效成分含量为 41%，实验所涉及溶液的浓度为 0.05g/L、0.1g/L、0.2g/L。

草甘膦的毒性对鱼类生理和行为均产生影响，已有研究表明草甘膦会影响鱼类的器官功能和应激行为 [26-31]。此外，也有很多研究表明鱼类在氢氧化钠溶液作用下会表现出不同的行为特征 [32, 33]。

使用的实验鱼缸是容积为 10L 的玻璃鱼缸（高为 12cm、宽为 25cm、长为 35cm），由于本实验使用一台摄像机进行俯拍，为了避免红鲫鱼垂直运动，实验所用的水为 3L，尽量使红鲫鱼在二维平面内游动。在实验之前，随机在养鱼缸内抽取 1 条红鲫鱼，为了让其适应单独状态，首先将其置于一个 10L 的玻璃鱼缸中适应 60min，然后放入实验鱼缸中。每次实验时长为 2h，30min 为适应时间、30min 用于拍摄正常水质下的红鲫鱼（对照组）行为，以及 60min 用于拍摄异常水质下的红鲫鱼（实验组）行为，则用于数据分析的视频数据总记录时间为 90min。为了简化计算量，把 90min 分为 6 个时间段，每个时间段为 15min。因此，前 2 个时间段为正常水质的实验，后 4 个时间段为异常水质的实验。每组相同浓度的药物进行 10 组实验，所以训练实验有 40 组实验（10 组 0.02g/L 的氢氧化钠溶液，10 组 0.05g/L 的草甘膦溶液，10 组 0.1g/L 的草甘膦溶液，10 组 0.2g/L 的草甘膦溶液）。

测试实验有 60 组实验（10 组基于 0.05g/L 的草甘膦溶液，10 组基于 0.1g/L 的草甘膦溶液，10 组基于 0.2g/L 的草甘膦溶液），每组实验时长均为 2h，包括 30min 的适应时间和 90min 的总记录时间。加草甘膦时间点为后 60min 内的随机时刻。

实验数据使用单因素方差分析进行统计处理（ANOVA；因素：药物或者浓度），齐性检验使用 Levene 检验，显著性水平为 *:$0.05 < p < 0.01$，**:$0.01 < p < 0.001$，***:$p < 0.001$。数据图使用均值±标准误差（SD ± SEM）的形式。

对红鲫鱼在氢氧化钠溶液（图 4.27(a)）和草甘膦溶液（图 4.27(b)）中的尾频情况进行评估，结果表明红鲫鱼处于异常水质组相对于正常水质组存在显著性差异（$p < 0.001$）。红鲫鱼在 0.02g/L 的氢氧化钠溶液中平均尾频值明显高于正常水质下的平均尾频值（120 次/min），近 240 次/min，显著性差异为 $F(1, 18) = 37.03$，$p < 0.001$。红鲫鱼处于三种不同浓度（0.05g/L，0.1g/L，0.2g/L）的草甘膦溶液中，平均尾频值随着草甘膦溶液浓度的升高而变大，浓度最高的 0.2g/L 草甘膦溶液中，平均尾频值达到 360 次/min，是正常水质下平均尾频值的 3 倍，显著性差异分别为：$F(1, 18) = 60.46$，$p < 0.001$；$F(1, 18) = 44.80$，$p < 0.001$；$F(1, 18) =$

$113.29, p < 0.001$。同时，三组不同浓度之间的平均尾频值也存在着显著性差异，为 $F(2, 27) = 8.39, p < 0.01$。

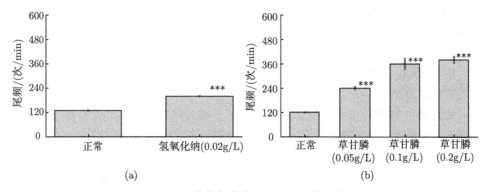

(a)

(b)

图 4.27 单条鱼实验组与对照组的尾频

下面评估红鲫鱼在三种不同浓度中不同时间段下的尾频情况（图 4.28）。把整个视频分成 6 个时间段，每个时间段为 15min。因此，正常时间为 −30∼0min，有 2 个时间段；异常时间为 0∼60min，有 4 个时间段。实验结果表明，相对于正常水质下的平均尾频值，红鲫鱼的平均尾频值在 10∼20min 内迅速上升，并在接下来的 40min 内保持着较高值。通过实验数据分析可得，在正常水质下的两个时间段里，尾频值不存在显著性差异（$F(2, 27) = 1.46, p > 0.1$；$F(2, 27) = 0.97, p > 0.1$），说明红鲫鱼在正常水质中的尾频值波动较小，且摆动比较平稳。然而，第二个时间段的尾频值与接下来时间段的尾频值都存在着显著性差异，说明尾频值开始发生变化，尾部摆动变快。

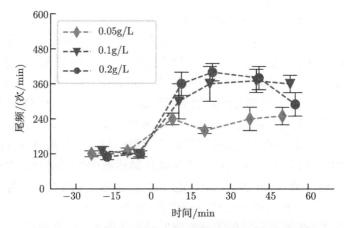

图 4.28 单条鱼在三种不同浓度草甘膦溶液下的尾频

另外，除了最后 15min，在相同的时间段内，浓度大的草甘膦溶液中尾频值也大，说明相对于低浓度草甘膦溶液，红鲫鱼在高浓度草甘膦溶液中的反应更加激烈，尾频摆动更加剧烈。通过实验数据分析可知，在相同的时间段内，前 15min 和后 15min 的三种不同浓度草甘膦溶液之间无显著性差异（$F(2,27) = 2.07$，$p > 0.1$；$F(2,27) = 1.35$，$p > 0.1$）；中间两个时间段，三种不同浓度草甘膦溶液之间存在着显著性差异（$F(2,27) = 7.82$，$p < 0.01$；$F(2,27) = 3.44$，$p < 0.05$）。

相同浓度下，不同时间段之间的平均尾频值无显著性差异，0.2g/L 浓度下，$F(3,36) = 2.37$，$p > 0.05$；0.05g/L 浓度下，$F(3,36) = 1.25$，$p > 0.1$；0.1g/L 浓度下，$F(3,36) = 0.29$，$p > 0.1$。这一结果表明，红鲫鱼处于加草甘膦情况下的 1h 内始终保持着较高的尾频值，没有出现剧烈的波动。

通过同一组实验，结果表明红鲫鱼处于异常水质组相对于正常水质组存在显著性的差异，如图 4.29 所示。红鲫鱼在 0.02g/L 的氢氧化钠溶液中的撞壁率明显高于正常水质下的撞壁率（0.01），达到了 0.05，且两者之间的差异显著 $F(1,18) = 55.70$，$p < 0.001$。红鲫鱼处于三种不同浓度（0.05g/L，0.1g/L，0.2g/L）的草甘膦溶液中，撞壁率随着草甘膦溶液浓度的升高而变大。然而，在浓度最高的 0.2g/L 草甘膦溶液中，撞壁率下降，与 0.05 g/L 浓度的草甘膦溶液一样（$F(1,18) = 20.78$，$p < 0.001$；$F(1,18) = 35.45$，$p < 0.001$；$F(1,18) = 41.97$，$p < 0.001$）。同时，三组不同浓度下的撞壁率也存在着显著性差异（$F(2,27) = 5.99$，$p < 0.01$）。该实验结果表明，相比于正常水质，红鲫鱼在加草甘膦情况下出现较为频繁的撞壁现象，而当水样中添加高浓度的草甘膦溶液时，红鲫鱼的撞壁情况有所减弱。

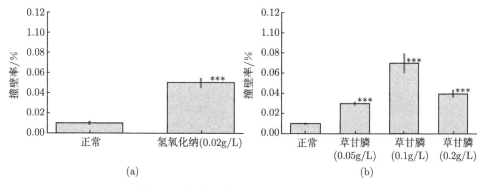

图 4.29 单条鱼实验组与对照组的撞壁率

红鲫鱼在三种不同浓度草甘膦溶液中不同时间段下的撞壁情况如图 4.30 所示。实验结果表明，相对于正常水质，红鲫鱼的撞壁率在 15~25min 内迅速上升，在接下来的时间内，稍高浓度下的撞壁率逐渐下降。同样，通过实验数据分析可得，在正常水质下的两个时间段里，撞壁率不存在显著性差异，说明红鲫鱼在正常水质中几乎不撞壁。第二个时间段的撞壁率与接下来时间段的撞壁率都存在着显著性差异，说明红鲫鱼在加草甘膦溶液后开始出现撞壁现象，撞壁频率变高。

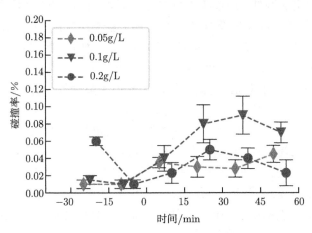

图 4.30   单条鱼在三种不同浓度草甘膦溶液下的撞壁率

　　整个撞壁率时间折线图与平均尾频值的时间折线图类似，说明红鲫鱼在异常水质下的焦虑行为和逃避行为的表现中，剧烈甩尾和频繁撞壁情况存在着同时出现的可能性。

　　下面对单条鱼在实验时间内撞壁情况下的尾频值和无撞壁情况下的尾频值进行统计分析，即把实验数据分成两类，把撞壁值为 1 的那一时刻的尾频值归为一类，把撞壁值为 0 的那一时刻的尾频值归为一类。通过计算发现，红鲫鱼在异常水质中，有撞壁情况下的尾频值明显高于无撞壁情况下的尾频值，且存在着显著性差异，如图 4.31(a) 和图 4.31(b) 所示。在草甘膦实验中，正常情况下的两组有显著性差异，可能是由实验误差或者在加草甘膦时的人为影响所致。

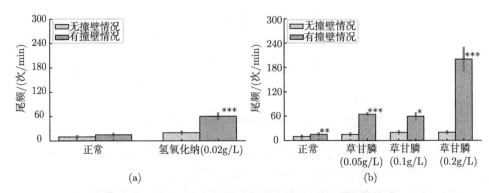

图 4.31   单条鱼在有无撞壁情况下实验组与对照组的尾频

4.4.4　鱼尾频在水质监测中的应用

为了更好地以尾频或者尾频结合撞壁作为行为特征来进行在线水质监测,通过选定不同的阈值来计算实验组的真阳率(true positive rate, TPR)、假阳率(false positive rate, FPR)和异常水质下的平均报警时间(average alarming time, AAT)。选用的尾频模型为 $f(n) = n$,尾频结合撞壁的模型为 $g(n, m) = a \times n + b \times m$,其中 a 为 1,b 为 0.5。

首先选定 60 个实验组,其中 30 组为正常水质,另外 30 组为异常水质。选定的阈值 N 从 0.5 到 8 不等,如果在连续的 10s 内阈值大于实际的尾频值,那么就报警,说明是异常水质。由表 4.3 可知,3~3.5 为最佳阈值,TPR 为 1,FPR 为 0.033。当阈值为 3 时,平均报警时间是加草甘膦后的 14.39min。

由表 4.4 可知,3~3.5 为最佳阈值,TPR 为 1,FPR 为 0。当阈值为 3 时,平均报警时间是加草甘膦后的 13.39min,比尾频模型下的报警时间提前,误报率和漏报率也比尾频模型好。

表 4.3　不同阈值 N 下的 60 组实验数据表 (尾频模型)

N	FRP/%	TRP/%	AAT/min
0.5	100	100	3.77
1.0	100	100	3.77
1.5	53.33	100	12.78
2.0	53.33	100	12.78
2.5	3.33	100	14.39
3.0	3.33	100	14.39
3.5	0	97	19.54
4.0	0	97	19.54
4.5	0	77	22.10
5.0	0	77	22.10
5.5	0	50	24.03
6.0	0	50	24.03
6.5	0	40	25.07
7.0	0	40	25.07
7.5	0	27	26.56
8.0	0	27	26.56

因此,通过 60 组实验来验证两个模型的好坏。当把阈值设定为 3.5 时,尾频模型的正确判断率为 90%,而尾频结合撞壁模型的正确判断率为 95%,平均报警时间也比尾频模型提前了,如图 4.32 所示。因此,尾频结合撞壁模型更能反映鱼类的应激行为,能更好地应用于实时在线水质监测。

  同时，通过记录单条红鲫鱼在实验时间内的游动轨迹，可以发现红鲫鱼在正常水质下的游动轨迹主要集中在鱼缸的中间区域，且所得到的轨迹像素点较少，说明红鲫鱼基本处于静止不动状态，如图 4.33(a) 所示；而在异常水质下，游动轨迹主要集中在鱼缸四壁区域，且所得到的轨迹像素点较多（图 4.33(b)），说明红鲫鱼处于逃避状态。

表 4.4 不同阈值 N 下的 60 组实验数据表 (尾频结合撞壁模型)

N	FRP/%	TRP/%	AAT/min
0.5	100	100	3.67
1.0	100	100	3.79
1.5	37.33	100	11.38
2.0	37.77	100	11.38
2.5	3.33	100	13.50
3.0	0	100	13.39
3.5	0	100	19.54
4.0	0	97	19.54
4.5	0	87	22.10
5.0	0	77	22.10
5.5	0	63	22.49
6.0	0	50	22.82
6.5	0	43	24.03
7.0	0	40	25.06
7.5	0	33	25.07
8.0	0	27	26.56

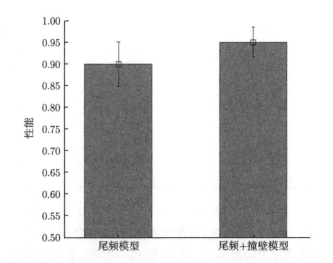

图 4.32   单条鱼两个模型下的性能比较

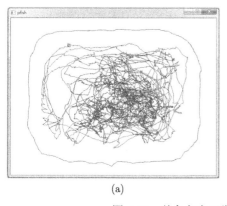
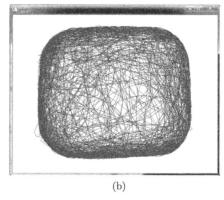

(a)　　　　　　　　　　　　　　　　(b)

图 4.33　单条鱼在正常情况与异常情况下的轨迹

4.5　基于鱼类游动轨迹的水质预警方法

运动目标的轨迹都是连续的, 以数据流的形式出现, 且随时间发生变化。鱼运动轨迹是表征其行为的重要特征之一, 可用来作为目标异常行为的预警参数。然而, 得到鱼类运动轨迹还存在两个难点: ① 鱼类的游动往往具有一定的随机性, 如何根据轨迹界定正常或异常行为还没有一个明确的标准; ② 鱼类个体行为间存在不同, 同一品种的不同鱼个体对同样的刺激所产生的反应并不完全相同, 因此获取鱼正常行为的轨迹模式具有一定难度, 特别是只用单个轨迹因素作为鱼类行为变化的指标存在准确率不高的缺点。

在视频监控场景中, 运动目标的行为分析主要是依赖轨迹的相似性测量, 如路径建模[34]、动作识别[35] 和异常检测[36] 等。轨迹分析主要有两种方法, 一种是轨迹相似性度量方法, 利用运动目标的轨迹数据进行相似度分析, 来确定轨迹的相同或者相异; 另一种是轨迹建模方法, 先对轨迹进行学习建模, 然后利用轨迹模型进行比较, 来确定轨迹的相同或者相异。下面分别介绍这两种轨迹分析方法。

4.5.1　轨迹相似性度量

1. 欧拉距离

欧拉 (Euclidean) 距离的轨迹相似性测量是一种直观且常用的基于序列比较的轨迹相似性测量方法。采用的是相比较的两条轨迹对应坐标之间的平均距离[37]:

$$d = \frac{1}{N} \sum_{k=1}^{N} [(x_k^a - x_k^b)^2 + (y_k^a + y_k^b)^2]^{\frac{1}{2}} \tag{4-23}$$

其中, (x_k^a, y_k^a) 和 (x_k^b, y_k^b) 分别表示两条轨迹 a 和 b 中第 k 个采样点的坐标; N 表示轨迹的长度。

此外, 还可以将轨迹的水平投影和垂直投影进行连接, 使之成为一维序列, 再利用主成分分析 (PCA)方法获取少数主成分分析系数。通过计算这些主成分分析系数来求得轨迹之间的欧拉距离, 其公式为 [38]

$$d = \left(\sum_{k=1}^{N} (a_k^c + b_k^c)^2 \right)^{\frac{1}{2}} \tag{4-24}$$

其中, a_k^c 和 b_k^c 分别表示轨迹 a 和 b 的第 k 个主成分分析系数, $k \ll 2N$; N 是轨迹的长度。

从欧拉距离计算公式可以看出, 进行比较的两条轨迹必须具有相同的长度。然而, 视频监控中的目标其运动持续的时间往往是不相同的, 因而其轨迹的长度也是不尽相同的。通常, 可以对轨迹进行截断、补齐或者线性插值, 使相比较的两条轨迹具备相同的长度。

2. Hausdorff 距离

Hausdorff 距离是通过定义集合之间的距离来衡量两个点集的相似程度。假设给定的两组轨迹的空间坐标序列 A 和 B, 序列 A 和 B 之间的 Hausdorff 距离为 [39]

$$D(A, B) = \max\{d(A, B), d(B, A)\} \tag{4-25}$$

其中,

$$d(a, b) = \max_{a \in A} \min_{b \in B} \|a - b\| \tag{4-26}$$

利用 Hausdorff 距离进行轨迹的相似性测量, 缺点是易受噪声的影响, 且不能区分运动方向信息。Khalid 等 [39] 提出可分别测量轨迹的空间坐标序列和速度序列的 Hausdorff 距离, 通过计算两种距离的加权来计算轨迹的相似性, 该方法可以克服噪声的影响, 但是需要预先设定两个序列的距离权重。

3. LCSS 距离

最长公共子序列 (longest common subsequences, LCSS)距离是使得多个序列中公共子序列最长的序列 [40]。记 Head(A) 为序列 A 的前 $N-1$ 个点, Head(B) 为序列 B 的前 $M-1$ 个点。对于给定的 σ、ξ, 序列 A 和 B 之间的距离 LCSS(A, B) 可以表示为 [40]

$\text{LCSS}(A, B) =$

$$\begin{cases} 0, & A \ \text{或} \ B \ \text{为空} \\ 1 + \text{LCSS}_{\sigma,\xi}(\text{Head}(A), \text{Head}(B)), & \|a_N, b_N\| < \xi \ \text{且} \ |N - M| \leqslant \sigma \\ \max(\text{LCSS}_{\sigma,\xi}(\text{Head}(A), B), \text{LCSS}_{\sigma,\xi}(a, \text{Head}(B))), & \text{其他} \end{cases}$$

(4-27)

LCSS 距离可以用下列公式计算 [40]:

$$D(\sigma, \xi, A, B) = 1 - \frac{\text{LCSS}_{\sigma,\xi}(A, B)}{\max(N, M)}$$

(4-28)

这种方法对异常点具有很好的鲁棒性, 但是区分能力比较差 [40]。

4. 编辑距离

编辑距离 (edit distance) 也是直接对轨迹进行比较的方法, 由 Levenshtein 距离 [41] 演变而来。Levenshtein 距离是对字符串进行比较时常用的一种距离计算方法, 表示将一个字符串序列转换成另一个序列时所需要的替换、删除、插入操作的个数 (可以加权计算)。该方法主要在拼写检查时定义序列的距离, 对基于时序轨迹的分析具有较好的适用性, 仅仅使用替换、删除、插入这三种操作就足够描述所有轨迹之间的差别, 如图 4.34 所示。

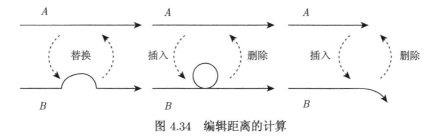

图 4.34 编辑距离的计算

此外, 以编辑距离为基础的轨迹相似性测量方法应用到运动目标轨迹分析中的还有在实时序列中的编辑距离 [42]、增加惩罚项的编辑距离 [43] 等。

5. 轨迹建模

隐马尔可夫模型 (hidden Markov model, HMM) 是运动目标轨迹分析常用的一种建模方法。利用 HMM 进行轨迹建模时, 首先从训练轨迹样本中得到一个相应的 HMM, 然后利用这个模型与需要比对的轨迹进行比对, 计算两者之间的符合程度来度量不同轨迹之间的相似程度。

在对轨迹进行建模时, 需要确定 HMM 的拓扑结构。可以根据实际应用情况, 来确定一个线形单向拓扑结构, 它可以很好地表示出轨迹的连续变化, 如图 4.35 所示。

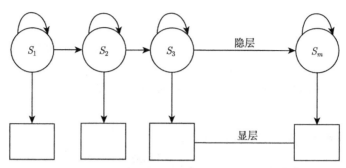

图 4.35　从左向右排布的线形单向拓扑结构 [44]

两条轨迹之间的距离由该模型的匹配度和交叉生成概率决定：

$$D(T_1, T_2) = |L(T_1; \lambda_1) + L(T_2; \lambda_2) - L(T_1; \lambda_2) - L(T_2; \lambda_1)| \tag{4-29}$$

其中，$L(T_1; \lambda_1)$ 和 $L(T_2; \lambda_2)$ 分别表示轨迹与各自模型的符合程度；$L(T_1; \lambda_2)$ 和 $L(T_2; \lambda_1)$ 分别表示一条轨迹和另一个轨迹模型之间的交叉匹配的相符合程度。

4.5.2　鱼类行为轨迹建模

在介绍了两种常见的轨迹分析方法后，本节将借鉴生物免疫系统中的否定选择原理，利用 r-chunk 匹配规则，学习正常情况下鱼类的行为模式，产生行为模式检测器，利用这些检测器对鱼类出现的异常行为模式进行识别。

借鉴生物免疫原理的异常算法源于 Forrest 等根据生物免疫系统中免疫识别的原理和自体–非自体免疫识别的机制提出的否定选择算法 [45]。该算法可以通过产生很少的抗体来识别大量已知和未知的抗原，在异常检测、异常识别等领域得到广泛应用 [46]。否定选择算法与免疫系统的否定选择过程类似，其核心是先根据识别的对象特征进行编码，然后通过特征匹配实现数据的检测。免疫识别的过程是先定义一个自体集作为训练数据，产生检测器集，经过否定选择算法，删除那些能检测自体的检测器，保留能检测任何非自体的检测器，形成成熟的检测器集，用于检测自体集是否发生异常。

基于 r-chunk 匹配规则判断鱼行为是否异常的算法流程如图 4.36 所示。该算法分为离线学习阶段和在线监测阶段两个阶段。其中，离线学习阶段包括三个步骤。

（1）对鱼类进行视频定位跟踪，得到鱼类的运动轨迹序列。

（2）轨迹的多元网格表达，利用多元网格的方法得到鱼类运动轨迹的字符串运动模式。

（3）鱼类行为的免疫监测，利用 r-chunk 否定选择算法，对鱼类的游动模式进行学习，根据学习到的游动轨迹模式进行鱼类行为异常的识别。

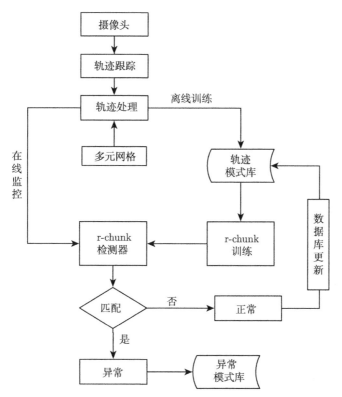

图 4.36　鱼类异常行为监控算法流程

在线监测阶段的第 (1) 步和第 (2) 步与离线学习阶段的步骤一样。在线监测阶段的第 (3) 步首先收集并存储足够长时间内鱼类在正常水质下的游动模式，然后应用 r-chunk 否定选择算法对游动模式进行学习，生成运动轨迹检测器。

从图 4.36 中可以看出，离线学习阶段相比在线监测阶段多了一步对字符串轨迹模式的训练和存储，这是成熟检测器生成的基础。在线监测阶段可以对轨迹模式库进行更新，可根据需要进行实时更新，或者按照一定的时间间隔进行更新。同时，对于实时监测过程中出现的异常行为模式也进行存储，为检测鱼类异常行为提供数据依据。

在鱼类行为轨迹进行表达时，采用多元网格的方法可以得到鱼类运动轨迹的字符串运动模式描述方法。为了描述方便，假设采集到的原始轨迹序列数据集可表示为

$$T(n) = \{(x_1, y_1), \cdots, (x_{i-1}, y_{i-1}), (x_i, y_i), \cdots, (x_n, y_n)\}$$

相邻两点的坐标用 $P_{i-1}(x_{i-1}, y_{i-1})$ 和 $P_i(x_i, y_i)$ 来表示。可以将目标鱼游动距离、速度和轨迹的转角作为多元网格的元素。目标鱼游动距离、速度和轨迹的

转角等行为参数的计算方法见第 3 章。这里的多元网格可以理解为鱼类运动指标与所用的字符集之间的一个映射关系。轨迹的多元网格表达方法的流程如图 4.37 所示。

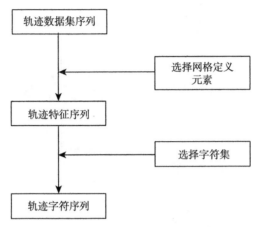

图 4.37　多元网格表达方法的流程

从图 4.37 可以看出，鱼类行为轨迹的多元网格表达经历了三个阶段，即轨迹数据集序列阶段、轨迹特征序列阶段和轨迹字符序列阶段。

对于得到的鱼类轨迹的数据集序列，根据选择网格的定义元素，可以有三元网格、四元网格等。例如，可以用来定义多元网格的轨迹定义元素有 $f_1, \cdots, f_i, \cdots, f_n$ 共 N 个特征，加上时间 t 这个独立于轨迹却又与之关联的特征，多元网格可定义为

$$M = (T_N, f_1, \cdots, f_i, \cdots, f_n, t) \tag{4-30}$$

其中，T_N 为长度为 N 的轨迹序列。

有了鱼类轨迹的原始序列和多元网格的定义元素，就可以得到鱼类轨迹的特征序列。设给定轨迹的原始序列为 T_n，多元网格的定义元素为 θ 和 σ，其特征轨迹序列特征表示记作

$$F_{N-1} = ((\sigma_1, \theta_1), \cdots, (\sigma_i, \theta_i), \cdots, (\sigma_{N-1}, \theta_{N-1})) \tag{4-31}$$

在选择字符集之前，先介绍两个阈值，记作 τ_σ 和 τ_θ，分别表示网格定义时 σ 和 θ 的最小定义单位，τ_σ 和 τ_θ 值的大小可根据具体的应用进行设定。在轨迹原始序列向特征序列转换时，分别用来判断特征指标 σ 和 θ 是否匹配，例如，两对特征序列 (σ_1, θ_1) 和 (σ_2, θ_2)，如果 $|\sigma_1 - \sigma_2| \leqslant \tau_\sigma$，且 $|\theta_1 - \theta_2| \leqslant \tau_\theta$，说明这两对特征序列对是匹配的，那么就可以用同一个字符来表示这两个特征序列对。

阈值 τ_σ 和 τ_θ 在选择字符集时起着关键的作用。为了方便下面内容的叙述，假设 $\sigma \leqslant \psi$，$\theta \leqslant \varsigma$。

鱼类行为轨迹的多元网格表达还需要一个字符集，设为 Σ，字符集中的每一个字符都分别代表了多元网格中的每一个小的网格。该字符集有两个作用，一个是将轨迹特征序列转换成字符序列，另一个作用就是用来查找给定字符的相邻字符。

由于 $\sigma \leqslant \psi$，$\theta \leqslant \varsigma$，根据阈值 τ_σ 和 τ_θ，将轨迹特征空间分别进行 σ 和 θ 的平均分割，得到大小为 $(\psi/\tau_\sigma) \times (\varsigma/\tau_\theta)$ 的多元网格，每个单元格大小为 $\tau_\sigma \times \tau_\theta$。

一个字符只能表示一个小的单元格，因此字符集的大小是 $(\psi/\tau_\sigma) \times (\varsigma/\tau_\theta)$。假设将鱼类运动轨迹的字符串运动模式定义在字母表 $\Sigma = \{A, B, \cdots, Y\}^L$ 上，这里 L 表示字符串运动轨迹的长度。

为了得到目标的运动轨迹，就要对目标鱼进行跟踪，从跟踪结果中得到它的轨迹序列，如图 4.38 所示。

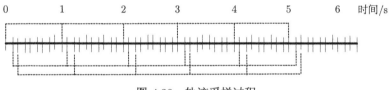

图 4.38　轨迹采样过程

因为很难确定鱼类的运动量的变化范围，所以采用运动量比率的方法。将鱼类运动方向定义在 $(-\pi, \pi)$ 区间，相对运动比率的范围则是 $(0, 1)$。取 $L = 5$，这样就可以得到如图 4.39 所示的一个网格，图中每个子区域由两对坐标序列来确定。例如，字符 M 可由该子区域左下角坐标 $(-\pi/5, 0.4)$ 和右上角坐标 $(\pi/5, 0.6)$ 来表示。

从图 4.39 可以看出，这里定义的多元网格为矩形结构，包含大小相等的奇数行和列，在每个小单元格指定不同的字母，分别用来代表某一时刻鱼的不同运动状态，从而得到鱼类的多元网格字符串运动模式。设一时间段内，轨迹采样间隔为 t，那么从 kt 时刻开始到 $(k+n)t$ 时刻结束，该段时间内采集到的实数轨迹序列为 $\{(x_i, y_i), \cdots, (x_n, y_n)\}$，$x_j, y_j \in \mathbb{R}$，$j \in [i, n]$。

根据提出的鱼类行为轨迹的多元网格表达方法，可以将该实数轨迹序列转化为运动方向和运动位移量比率序列，再根据如图 4.39 所示的鱼类运动模式转化图得到鱼类的字符串运动模式。例如，根据实数序列和上述定义，得到一个序列 $\{(\pi/3, 0.16), (-\pi/4, 0.16), (\pi/6, 0.33), (-\pi/3, 0.33)\}$，再根据鱼类字符串运动模式转化图得到的字符串运动模式就是 "DBHI"。

在确定鱼类在某一时刻的位置时，可以指定以一个时间间隔对鱼类的轨迹进行采样。在某一时刻，当运动目标出现在网格范围内时，就用代表该网格的字符来表示鱼类当前的运动状态。这样，就可以根据上述描述得到鱼类的字符串运动模式。字符串中的字符序列表示鱼类相对于它前一个位置的移动序列,包括运动方向、速度和加速度在内的鱼类运动信息。而字符串的长度可以理解为指示鱼类突然遭遇到危害时的反应时间。采用 $t = 1s$ 的时间间隔,通过观察发现,鱼用 5s 的时间会对水样变化做出反应,因此指示鱼类字符串运动模式的字符串长度就是 5。

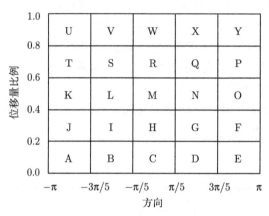

图 4.39　鱼类字符串运动模式转换

运动目标的异常行为在不同的应用场合具有不同的含义,很多情况下异常行为是由场景上下文和应用背景等具体情况决定的。一般而言,异常行为有如下几个特性。

(1)异常不是经常发生的,即便发生也不一定是完全一样的反应模式。

(2)不一定都能够被预先定义,即使预先定义,也可能与真实的异常行为存在偏差。

(3)异常行为的表现方式多样。

(4)异常行为的不可预知性。

在正常情况下,鱼类大部分的时间都是在水中不停地游动,如果对鱼类的游动场所加以限制,那么就很容易观测到其游动模式是有一定规律的,如图 4.40 所示。图中,从上到下、从左向右采集的时间分别为 5min、15min、1h、1.5h。可以看出,鱼类大部分的时间是沿着容器壁在游动,由此可以利用多元网格来获取鱼类的这种游动模式,并认定这种游动模式是鱼类的正常行为。而除此之外的运动模式,可以看作鱼类的异常游动模式。

将鱼类的运动模式定义在字母表 $\Sigma = \{A, B, \cdots, Y\}^L$ 上,且 $L = 5$。因此,在利用 r-chunk 否定选择算法生成成熟检测器时,也将所有细胞编码都定义在该字母表上。同时,令 U 表示字符串空间,D 表示检测器集,S 表示自我个体(self)集,N

表示非自我个体（noself）集。

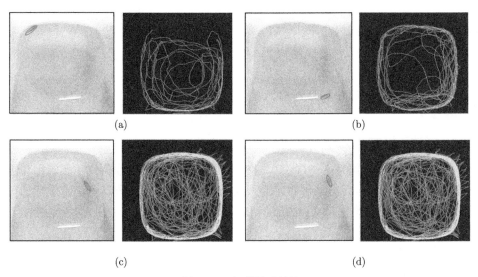

(a)　　　　　　　　　　　　　　　　(b)

(c)　　　　　　　　　　　　　　　　(d)

图 4.40　鱼类游动轨迹

定义 4.1　r-chunk 检测器 $\langle d, i \rangle$ 是由字符串 d 和整数 i 组成的二元数组。假如字符串 d 和 s 满足 $s[i, \cdots, i+r-1] = d$，则表示 d 与 s 匹配。这里 i 表示字符串 s 中与 d 开始匹配的位置，r 表示匹配的位数。

定义 4.2　字符串 s 的子串 π 是从字符串 s 第 i 位开始的长度为 r 的字符串，即 $\pi = s[i, i+1, \cdots, i+r-1], i \in [1, n]$，记基于自我个体集 S 产生的所有子串集合为 Sub_S。

基于多元网格的 r-chunk 否定选择算法步骤如下。

步骤 1　获取自我个体集 S，作为训练样本。

步骤 2　产生自我个体集 S 的所有子串集合 Sub_S。

2.1　对 S 中的每一个字符串 s_i，产生从第 i 位开始长度为 $[1, 2, \cdots, r]$ 的 s 子串 π；

2.2　在 Sub_S 中检索，是否存在子串 π，如果 π 已经存在，则执行 2.1。

步骤 3　产生 r-chunk 检测器。

3.1　对 Sub_S 中的每一个子串 π_i 进行末尾变异，产生新的子串 π'。

3.2　对 Sub_S 中的每个子串 π' 进行按位匹配。

3.3　如果 π' 和 Sub_S 中的任何一个子串匹配，则丢弃；执行步骤 3.1。

3.4　如果 π' 与 Sub_S 中的任何子串都不匹配，则将 π' 并入 r-chunk 检测器集合 D。

步骤 4　测试数据进行监测。

4.1 获取测试数据集 T，作为检测样本。

4.2 取测试数据 t_i，将 t_i 与 D 中的每个 r-chunk 检测器 $\langle d_j, i \rangle$，根据检测器开始匹配位数 i 和检测器长度，与 t_i 相应的位置和长度进行按位匹配。

4.3 如果 t_i 和 D 中的任何一个检测器匹配，则输出 t_i 为非自我个体，执行步骤 4.2。

4.4 如果 t_i 和 D 中的任何检测器都不匹配，则输出 t_i 为自我个体，继续执行步骤 4.2。

4.5.3 轨迹建模在水质监测中的应用

本节采用斑马鱼作为生物指示器。在视频跟踪采集时，摄像头位于实验用鱼缸的正上方，且视野范围正好能够覆盖整个实验用鱼缸。在保证斑马鱼正常生活的前提下，鱼缸内水的高度保持在 10cm，这样可以减少斑马鱼在垂直方向上运动的随机性。

在离线阶段，采集正常情况下斑马鱼的运动数据作为自我个体集，采用前面描述的方法将其转换为字符串运动模式自我个体集。首先记录 12h 内斑马鱼所有可能的字符串运动模式，作为斑马鱼的正常行为模式，然后对其进行训练产生 r-chunk 检测器集，最后利用该检测器集对斑马鱼运动数据进行实时监测识别。

实验中 1s 平均可以采集到 10 帧图像，经轨迹处理后，在转化成字符串运动模式时以 1s 为时间间隔，这样 1min 内就可以得到 600 个运动模式。在训练匹配时，统计 1min 内出现不匹配的模式占 1min 内所有模式的比率。

采集 12h 内正常水质下斑马鱼的运动数据。经过处理后，得到有效的字符串运动模式，并分别抽取正常模式的 10%、20%、50% 的数据作为训练数据，得到检测器集合。接着采集另外 12h 内正常水质下的斑马鱼运动数据，利用检测器集合进行检测。在正常水质情况下，1min 内出现不匹配的比率如图 4.41 所示。在正常水质情况下，1min 内出现不曾出现的字符串的比率在 4% 左右。从图 4.41 可以看出，12h 时间里，每 1min 内出现不匹配模式所占的比率在 4% 左右。

在异常水质环境中，统计了 20min 时间的每 1min 内出现的异常模式所占的比率，如图 4.42 所示。图中，第 8min 开始，不匹配的比率出现比较大的变动，这表明该方法可以有效地检测出斑马鱼行为的异常反应。

实验中，在训练阶段，检测率 D 和误检率 F 计算如下：

$$D = \frac{\text{TD}}{\text{TD} + \text{FD}} \tag{4-32}$$

$$F = \frac{\text{FD}}{\text{TD} + \text{FD}} \tag{4-33}$$

其中，TD 表示识别出的异常运动模式的数目；FD 表示未识别出的异常运动模式的数目。

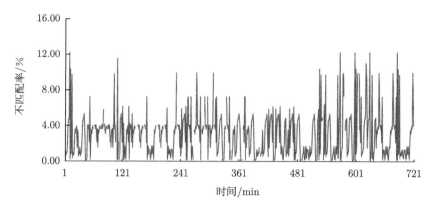

图 4.41　不匹配运动模式所占的比率

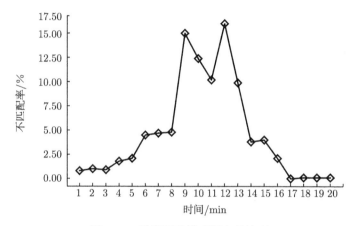

图 4.42　异常运动模式所占的比率

r-chunk 检测器的参数 $L = 5, r = 3$。对训练数据进行训练生成检测器时，每类数据模式分别进行 50 次和 100 次迭代。实验结果如表 4.5 所示。

表 4.5　斑马鱼数据检测结果

训练数据	迭代次数	检测率 D/%		误检率 F/%	
		均值	标准差	均值	标准差
10%	50	91.37	1.64	8.63	1.64
10%	100	92.28	1.67	7.72	1.67
20%	50	93.63	1.47	6.37	1.47
20%	100	94.14	1.39	5.86	1.39
50%	50	96.44	1.07	3.55	1.07
50%	100	96.66	0.97	3.39	0.97

从以上实验结果可以看出，在相同规模下，随着迭代次数的增加，检测率呈现

上升趋势，误检率出现下降趋势。随着训练数据规模的增加，检测率提高，误检率下降。

4.6 小　　结

通过鱼行为监测水质变化的前提是，目标鱼在正常水样中的行为具有固定模式，而在水样发生变化时其行为异于固定模式。本章利用递归神经网络预测单条鱼的行为，结果表明目标鱼在正常水样下的行为是可预测的。当水样发生变化时，目标鱼行为与模型预测行为存在显著差异，这意味着可以利用单条鱼的行为来对水质的变化进行预警。

鱼游动行为受到环境（如光照、时间等）因素的影响，因此获取目标鱼在正常水样中的行为模式成为基于鱼行为预警水质的关键技术之一。本章提出可以通过监测单条鱼尾频变化和游动轨迹来对鱼行为进行建模。根据模型输出来区分不同水质下的目标鱼行为，从而实现基于目标鱼行为的水质预警。此外，对鱼游动轨迹进行编码，还可以通过判断目标鱼游动轨迹的异常来判断水质的变化。

参 考 文 献

[1] Hills T T, Todd P M, Lazer D, et al. Exploration versus exploitation in space, mind, and society[J]. Trends in Cognitive Sciences, 2015, 19(1): 46-54.

[2] Herbertread J E, Perna A, Mann R P, et al. Inferring the rules of interaction of shoaling fish[J]. Proceedings of the National Academy of Sciences, 2011, 108(46): 18726-18731.

[3] Tunstrøm K, Katz Y, Ioannou C C, et al. Collective states, multistability and transitional behavior in schooling fish[J]. PLoS Computational Biology, 2013, 9(2): e1002915-1-e1002915-11.

[4] 罗熊, 黎江, 孙增圻. 回声状态网络的研究进展[J]. 北京科技大学学报, 2012, 34(2): 217-222.

[5] Jaeger H, Haas H. Harnessing nonlinearity: Predicting chaotic systems and saving energy in wireless communication[J]. Science, 2004, 304(5667): 78-80.

[6] Verstraeten D, Schrauwen B, D'Haene M, et al. An experimental unification of reservoir computing methods[J]. Neural Networks, 2007, 20(3): 391-403.

[7] Haykin S S. Adaptive Filter Theory[M]. New York: Pearson Education, 2008.

[8] King A J, Cowlishaw G. When to use social information: The advantage of large group size in individual decision making[J]. Biology Letters, 2007, 3(2): 137-139.

[9] Hoare D J, Couzin I D, Godin J G, et al. Context-dependent group size choice in fish[J]. Animal Behaviour, 2004, 67(1): 155-164.

[10] Scott G R, Sloman K A. The effects of environmental pollutants on complex fish behaviour: Integrating behavioural and physiological indicators of toxicity[J]. Aquatic Toxicology, 2004, 68(4): 369-392.

[11] Handegard N O. Estimating tail-beat frequency using split-beam echosounders[J]. Ices Journal of Marine Science, 2009, 66(6): 1252-1258.

[12] Motani R. Scaling effects in caudal fin propulsion and the speed of ichthyosaurs[J]. Nature, 2002, 415(6869): 309-312.

[13] Ferry L, Lauder G. Heterocercal tail function in leopard sharks: A three-dimensional kinematic analysis of two models[J]. Journal of Experimental Biology, 1996, 199 (Pt 10): 2253-2268.

[14] Wu G H, Zeng L J. Video tracking method for three-dimensional measurement of a free-swimming fish[J]. Science in China, 2007, 50(6): 779-786.

[15] Chen J J, Xiao G, Ying X F, et al. Fish activity model based on tail swing frequency[J]. Journal of Image and Graphics, 2009, 14(10): 2177-2180.

[16] Cheng S H, Hu C H, Jiang Z Z, et al. The motion model for fish's soma in dynamic image sequences[J]. Opto-Electronic Engineering, 2012, 39(3): 125-129.

[17] 杨晗, 曹振东, 付世建. 尾鳍缺失对鳊鱼幼鱼游泳能力、能量效率与行为的影响[J]. 水生生物学报, 2013, 67(1): 157-163.

[18] Ohlberger J, Staaks G, Holker F. Estimating the actire metabolic rate in fish based on tail beat frequency and body mass[J]. Journal of Experimental Zoology Part A: Ecological genetics and Physiology, 2007, 5(307A): 296-300.

[19] Bainbridge R. The speed of swimming of fish as related to size and to the frequency and amplitude of the tail beat[J]. Journal of Experimental Biology, 1958, 35(1): 109-133.

[20] 程炜轩, 梁旭方, 王琳, 等. 斑马鱼和鲢对微囊藻毒素与孔雀石绿的行为反应[J]. 水生态学杂志, 2009, (5): 36-40.

[21] 车武军, 杨勋年, 汪国昭. 动态骨架算法[J]. 软件学报, 2003, 14(4): 818-823.

[22] 刘俊涛, 刘文予, 吴彩华, 等. 一种提取物体线形骨架的新方法[J]. 自动化学报, 2008, 34(6): 617-622.

[23] 郭春钊, 汪增福. 基于序列图像的鱼游运动机理分析[J]. 实验力学, 2005, 20(4): 525-531.

[24] Pedder S C J, Maly E J. The avoidance response of groups of juvenile brook trout, salvelinus fontinalis to varying levels of acidity[J]. Aquatic Toxicology, 1986, 8(2): 111-119.

[25] Mount D I. Chronic effect of low pH on fathead minnow survival, growth and reproduction[J]. Water Research, 1973, 7(7): 987-993.

[26] Folmar L C, Sanders H O, Julin A M. Toxicity of the herbicide glyphosphate and several of its formulations to fish and aquatic invertebrates[J]. Archives of Environmental Contamination and Toxicology, 1979, 8(3): 269-278.

[27] Wang Y S, Jaw C G, Chen Y L. Accumulation of 2,4-d and glyphosate in fish and water hyacinth[J]. Water Air and Soil Pollution, 1994, 74(3): 397-403.

[28] Jiraungkoorskul W, Upatham E S, Kruatrachue M, et al. Biochemical and histopathological effects of glyphosate herbicide on nile tilapia (oreochromis niloticus)[J]. Environmental Toxicology, 2003, 18(4): 260-267.

[29] Glusczak L, Dos S M D, Crestani M, et al. Effect of glyphosate herbicide on acetylcholinesterase activity and metabolic and hematological parameters in piava (leporinus obtusidens)[J]. Ecotoxicology and Environmental Safety, 2006, 65(2): 237-241.

[30] Langiano V D C, Martinez C B. Toxicity and effects of a glyphosate-based herbicide on the Neotropical fish Prochilodus lineatus[J]. Comparative Biochemistry and Physiology Part C: Toxicology and Pharmacology, 2008, 147(2): 222-231.

[31] Ghanbari M, Jami M, Kneifel W, et al. Antimicrobial activity and partial characterization of bacteriocins produced by lactobacilli isolated from sturgeon fish[J]. Food Control, 2013, 32(2): 379-385.

[32] Coppage D L. Characterization of fish brain acetylcholinesterase with an automated pH stat for inhibition studies[J]. Bulletin of Environmental Contamination and Toxicology, 1971, 6(4): 304-310.

[33] Nikoskelainen S, Salminen S, Bylund G, et al. Characterization of the properties of human- and dairy-derived probiotics for prevention of infectious diseases in fish[J]. Applied and Environmental Microbiology, 2001, 67(6): 2430-2435.

[34] Junejo I N, Javed O, Shah M. Multi feature path modeling for video surveillance[C]. Proceedings of the 17th International Conference on Pattern Recognition, Cambridge, 2004: 716-719.

[35] Lou J G, Liu Q F, Tan T N, et al. Semantic interpretation of object activities in a surveillance system[C]. Proceedings of the 16th International Conference on Pattern Recognition, Quebec, 2002: 777-780.

[36] Porikli F, Haga T. Event detection by eigenvector decomposition using object and frame features[C]. Proceedings of the IEEE Conference on Computer Vision and Pattern Recognition Workshop, Washington DC, 2004: 114-121.

[37] Fu Z Y, Hu W M, Tan T N. Similarity based vehicle trajectory clustering and anomaly detection[C]. IEEE International Conference on Image Processing, Genova, 2005: 602-605.

[38] Bashir F I, Khokhar A A, Schonfeld D. Segmented trajectory based indexing and retrieval of video data[C]. Proceedings of the International Conference on Image Processing, Barcelona, 2003: 623-626.

[39] Khalid S, Naftel A. Evaluation of matching metrics for trajectory-based indexing and retrieval of video clips[C]. Proceedings of the 7th IEEE Workshops on Application of Computer Vision, Breckenridge, 2005: 242-249.

[40] Vlachos M, Kollios G, Gunopulos D. Discovering similar multidimensional trajectories[C]. Proceedings of the 18th International Conference on Data Engineering, San Jose, 2002: 673-684.

[41] Levenshtein V I. Binary codes capable of correcting deletions, insertions and reversals[J]. Doklady Akademii Nauk SSSR, 1965, 10(1): 707-710.

[42] Chen L, Özsu M T, Oria V. Robust and fast similarity search for moving object trajectories[C]. Proceedings of ACM SIGMOD International Conference on Management of Data, Baltimore, 2005: 491-502.

[43] Chen L, Ng R. On the marriage of lp-norms and edit distance[C]. Proceedings of the 30th VLDB Conference, Toronto, 2004: 792-803.

[44] 刘坤. 视频监控系统的关键技术研究[D]. 上海：上海交通大学, 2010.

[45] Forrest S, Perelson A S, Allen L, et al. Self-nonself discrimination in a computer[C]. Proceedings of IEEE Computer Society Symposium on Research in Security and Privacy, Oakland, 1994: 202-212.

[46] González F A, Dasgupta D. Anomaly detection using real-valued negative selection[J]. Genetic Programming and Evolvable Machines, 2003, 4(4): 383-403.

第5章 鱼类群体行为预警方法

5.1 引　　言

使用单条鱼作为生物指示器往往会受该条鱼的个体生理特征的影响,会降低模型的鲁棒性。为了克服单条鱼个体差异对监测结果的影响,鱼群往往会被用作监测对象。鱼群的行为特征包括群聚行为和社交行为等动力学模型,其量化参数包括鱼群重心坐标、鱼群分布情况和最近邻距离等。

最近邻距离(nearest neighbor distance, NND)计算简单,首先被用作量化鱼群个体间的相互影响的行为参数[1]。此外,鱼群在游动时,其个体的作用也不尽相同。群体中有的鱼扮演了领导者的角色,而大部分群体中的鱼个体都是追随者的角色。鱼群速度、分布情况(环境中鱼群分布比例)和社交相互影响(主群的大小)等群聚特征,都可以用作水质发生变化的指标。

为了获取群聚参数,本章将首先介绍基于图论和均匀性测度的鱼群目标分割方法。此外,还将介绍群聚半径、游动速度、极化值和最近邻距离等常见的群聚特征。以红鲫鱼作为实验对象,比较红鲫鱼群体在正常水样与异常水样(添加草甘膦或氢氧化钠试剂等)中群聚特征的异同,并验证群聚特征可以作为生物式水质预警的特征参数。

5.2 基于图论的鱼群目标分割

目标分割是鱼群行为建模的关键技术之一。本节利用一种改进的鱼群目标分割算法进行鱼群目标分割。该算法通过改变输入图像的颜色空间,并结合拉普拉斯算子将带权图的边分为边缘边和非边缘边,优先处理非边缘边,同时利用均匀性测度求取分割效果最佳的阈值,从而提高鱼类群体目标分割的准确性。

5.2.1 图论算法原理

图论算法主要将图像映射为带权无向图,把像素视为节点,将图像分割问题转变为优化求解问题[2]。基于最小生成树和最小割原理的分割算法是常见的两类基于图论的分割算法。其中,基于最小生成树的分割方法通过求图像最大权重的最小生成树得到分割,具有较快的分割速度,但结果较为粗糙、冗杂[3]。最小割算法则主要利用像素之间的相似性最小化作为分割标准,通过寻找图的最小割达到分割图像的目的，但该方法易造成较小的分割 [4]。

Graph-based 分割算法是一类基于图的贪心聚类来实现分割的算法。其计算步骤如下：首先，将一幅输入图像映射成一幅带权的无向图 $G = (V, E)$，集合 V 表示所有顶点的集合，集合 E 表示所有边的集合。然后，将每个像素点作为顶点 $v_i \in V$。E 为两相邻像素点（8 邻域）之间的边集，有 $(v_i, v_j) \in E$；对于每条边 (v_i, v_j)，都存在一个对应的权值 $w[(v_i, v_j)]$。由此，可以通过计算两点间颜色的欧氏距离来得到权值：

$$w[(v_i, v_j)] = \sqrt{\text{dist}_r^2 + \text{dist}_g^2 + \text{dist}_b^2} \tag{5-1}$$

其中，dist_r、dist_g、dist_b 分别为点的 r、g、b（红、绿、蓝）的差值，它们反映了颜色的相似度。

最后，根据计算出的权值进行图像分隔。权值越大，表明两个像素间的相似度越小；而权值越小，则其相似度越大。

图像分割的效果一般要求相同区域内的像素值相似，而不同区域间像素差异较大。根据这个特性，Felzenszwalb 和 Huttenlocher 提出了一种简单而有效的分割准则 [5]：若两个区域间的差异小于其中任何一个区域的内部差异，则认为这两个区域较为相似，这两个区域应合并；否则，这两个区域应视为不同区域。根据这个分割准则，Felzenszwalb 和 Huttenlocher 定义了两个判别函数 [5]，分别为类间差异函数和类内差异函数。

类间差异函数采用连接两个不同分类之间像素相似度的最小值作为类间距离，即

$$\text{Outer\_Dif}(C_i, C_j) = \min_{v_i \in C_i, v_j \in C_j, (v_i, v_j) \in E} w[(v_i, v_j)] \tag{5-2}$$

类内差异函数采用同一分类之间像素相似度的最大值，即连通分量最小生成树 $\text{MST}(C, E)$ 中的最大权值，作为类内距离，即

$$\text{Inner\_Dif}(C) = \max_{e \in \text{MST}(C, E)} w(e) \tag{5-3}$$

根据以上两个距离值，判断两个区域是否合并的准则可定义为

$$D(C_i, C_j) = \begin{cases} \text{true}, & \text{Outer\_Dif}(C_i, C_j) > \text{MInt}(C_i, C_j) \\ \text{false}, & \text{其他} \end{cases} \tag{5-4}$$

其中，$\text{MInt}(C_i, C_j) = \min[\text{Inner\_Dif}(C_i) + \tau(C_j), \text{Outer\_Dif}(C_i) + \tau(C_j)]$ 表示两个区域的类内距离较小的值；D 为真值表示不合并，等于假值则表示合并；τ 为一个阈值函数，如果想要把两个区域合并，那么它们之间的差别不能过大，而这个差别的尺度就由 τ 来控制，$\tau(C) = k/|C|$，k 为常数，$|C|$ 表示一个类的面积，即区域像素点的个数。

由于算法是按边权值递增顺序处理待分割图像的，在合并过程初期，处理的边大多属于低变区域，通常较小。因此，$|C|$ 通常较小，k 较大，合并条件式（5-4）容易满足。合并过程后期，处理的边主要属于高变区域，即边缘地带，则 k 和 $|C|$ 通常都较大。

若 k 值取得较小，则不容易满足合并条件式（5-4），所得的分割图像容易出现欠合并（过分割）现象；而若 k 值取得太大，则对于高变区会因太容易合并而产生过合并现象。分割如图 5.1 所示，σ 为图像预处理使用的高斯平滑滤波的参数，图 5.1(b)、(c) 中 k 取值较小，区域欠合并，图 5.1(d) 中 k 取值较大，虽然能达到较好的分割效果，但是存在过合并现象。

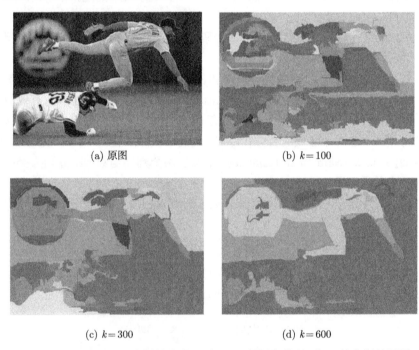

(a) 原图   (b) $k=100$

(c) $k=300$ (d) $k=600$

图 5.1　Graph-based 分割算法在 σ 为 0.8 时使用不同阈值 k 的分割效果图

因此，取一个恰当的 k 值，对分割结果影响较大。此外，从图 5.1 的分割结果可知，Graph-based 分割算法注重的是从整体视觉效果进行分割，导致其对边缘的分割还比较模糊。

5.2.2　改进的群目标分隔算法

Graph-based 算法在计算两相邻点之间边的权值时，主要利用两像素点的 RGB 颜色空间的欧氏距离。RGB 颜色空间称为与设备相关的彩色空间，而该欧氏距离并不能直接反映颜色的差异。因此，可以采用 Lab 颜色空间，这是由国际照明委员会（CIE）制定的一种色彩模式。自然界中任何颜色都可以在 Lab 颜色空间中表达出来，其色彩空间比 RGB 颜色空间要大。另外，这种模式是以数字化方式来描述人的视觉感应，既不依赖于设备也不依赖于光线，被认为是最接近人眼感觉的颜色空间，非常适合作为 Graph-based 图像分割权值的依据。

RGB 颜色空间到 Lab 颜色空间的转换函数比较简单。假设图像像素点的红、绿、蓝分量分别表示为 R、G、B，Lab 颜色空间的 3 个分量表示为 L、a、b，其转换公式为

$$\begin{cases} L = 0.216 \times R + 0.7152 + 0.0722 \times B \\ a = 1.4749 \times (0.2213 \times R - 0.3390 \times G + 0.1177 \times B) + 128 \\ b = 0.6245 \times (0.1949 \times R + 0.6057 \times G - 0.800b \times B) + 123 \end{cases} \tag{5-5}$$

则式（5-1）可以重定义为

$$w[(v_i, v_j)] = \sqrt{\text{dist}_L^2 + \text{dist}_a^2 + \text{dist}_b^2} \tag{5-6}$$

针对 Graph-based 分割算法存在的边缘处理比较模糊的局限，可以结合拉普拉斯算子，将待处理的带权图的边分为边缘边和非边缘边，优先处理非边缘边，后处理边缘边。这一改进使得像素点的合并会先在局部区域的内部进行，后处理边缘边。因此，改进后的算法能够在一定程度上克服原算法边缘处理模糊的不足。采用的拉普拉斯算子表达式如下 [6]：

$$\nabla^2 f = [f(x+1, y) + f(x-1, y) + f(x, y+1) + f(x, y-1)] - 4 \times f(x, y) \tag{5-7}$$

根据式（5-7）对每一点计算出 3 个颜色通道的拉普拉斯值，边缘点则定义为三个值都大于阈值 T 的点。在构造图时，将边分成边缘边和非边缘边，优先处理非边缘边。边连接的两个节点中至少有一个是边缘点的定义为边缘边，其他方式连接的边为非边缘边。

Graph-based 分割算法的分割效果是由阈值参数直接确定的，k 值过大或过小都会造成图像分割效果的不理想。此外，针对不同的图片，最佳的 k 值也不同，需要人工手动调试确定，且获得的值也不精确，故可以引入均匀性测度来求取最佳 k 值 [7]，如图 5.2 所示。

均匀性测度是用来评价分割方法性能的一个指标，一个区域内的均匀性与区域内的方差成反比，方差越小说明该区域的均匀性越好，可表示为

$$U_\alpha = 1 - \sum_{R_j \in \alpha} w_j \sigma_j^2 / N \tag{5-8}$$

其中，α 表示一幅图像；R_j 为 α 分割后的第 j 个区域；w_j 为区域 R_j 在整幅图像中所占的权重，即等于该区域的像素点个数；σ_j^2 为区域 R_j 的方差；N 是一个归一化参数，$N = \dfrac{1}{2}(f_{\max} - f_{\min})^2 \sum\limits_{R_j \in \alpha} w_j$，$f_{\max}$、$f_{\min}$ 分别是该幅图像中像素颜色的最大值和最小值。

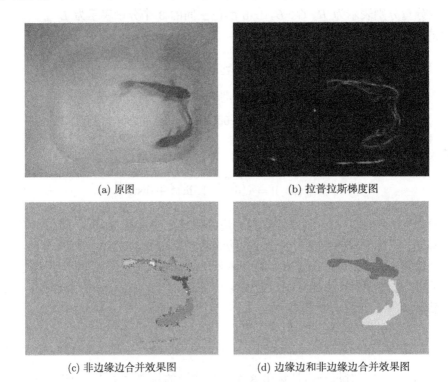

(a) 原图　　　　　　　　　　　　　　(b) 拉普拉斯梯度图

(c) 非边缘边合并效果图　　　　　(d) 边缘边和非边缘边合并效果图

图 5.2　结合边缘信息手动调整阈值分割效果图

均匀性测度值越高，说明图像分割效果越好。每取一个 k 值（k 值从 100 开始，最大为 5000，步长为 100），都会得到一种分割结果。针对每一个分割结果，计算出它的均匀性测度，求得最大的均匀性测度值，并返回相应的最佳 k 值。再根据该 k 值，获得最终的分割图。以上算法的具体流程如下。

（1）对输入的图像进行平滑处理，根据 Lab 颜色空间构造 8 邻域带权图 $G = (V, E)$，图的顶点数为 n，边数为 m。计算每个像素点 Lab 三个通道的拉普拉斯值，根据阈值 T 将带权边分为两类，其中一类为非边缘边 E_1，$|E_1| = m_1$，另一类为边缘边 E_2，$|E_2| = m_2$，则 $m_1 + m_2 = m$。

（2）将边集 E_1 和 E_2 分别按权值递增排序得到 $E_1 = (e_1, \cdots, e_{m_1})$，$E_e = (e_{m_1+1}, \cdots, e_{m_1+m_2})$，则设阈值 $k = [100, 200, \cdots, 5000]$。

（3）初始化一个分割 S^0，在这个分割中，每一个节点（像素）就是一个类，最大均匀性测度 $\max U_{\mathrm{ni}}$ 设为 0，获得均匀性测度最大值时的 $\max K$ 也设为 0。

（4）对于 $k = 100, 200, \cdots, 5000$，重复第（5）步和第（6）步。

（5）对于 $q = 1, 2, \cdots, m$，假设 C_i^{q-1} 是阈值为 k 的第 $q-1$ 次区域合并结果。S_k^{q-1} 中包含节点 V_i 的类，C_j^{q-1} 是 S_k^{q-1} 中包含 V_j 的类。若 $C_i^{q-1} \neq C_j^{q-1}$，且 $w(e_q) \leqslant \mathrm{MInt}(C_i^{q-1}, C_j^{q-1})$，那么合并 C_i^{q-1} 和 C_j^{q-1}，S_k^q 作为第 q 次区域合并的结果；否则 $C_i^{q-1} = C_j^{q-1}$。

（6）返回 $S_k = S_k^m$，计算 S_k 的均匀性测度 U_k，若 $U_k > \max U_{\mathrm{ni}}$，则 $\max U_{\mathrm{ni}} = U_k$，$\max K = k$。

（7）返回 $\max K$，根据该值，重复步骤（5），返回 $S_{\max K}$。

以红鲫鱼 (图 5.3(a)) 和斑马鱼 (图 5.4(a)) 为实验对象，将实验结果与原 Graph-based 分割算法进行对比。实验中，图 5.3 和图 5.4 的预处理均使用了高斯平滑滤波，系数 σ 均为 0.7。从图中的分割结果可知，结合拉普拉斯算子的图论分隔算法能更好地抑制噪声，获得更准确的区域边界。

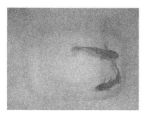  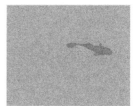

(a) 原图　　　　(b) Graph-based 分割算法　(c) 结合拉普拉斯的分割结果
　　　　　　　　　　的分割结果

图 5.3　红鲫鱼分割效果对比

  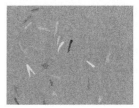

(a) 原图　　　　(b) Graph-based 分割算法　(c) 结合拉普拉斯的分割结果
　　　　　　　　　　的分割结果

图 5.4　斑马鱼分割效果对比

5.3　群聚行为量化模型

在鱼群目标分割结果基础上，本节将介绍一种鱼群的群聚性社会行为特征建模的方法。首先建立鱼群群聚性特征的数学模型,通过计算鱼群中每条鱼的中心坐标,建立具有唯一性的三角网格,再以此计算出鱼群体的重心坐标,由此反映出鱼群的群聚特征。

目前,对鱼群群聚性行为的描述,主要可以分为鱼群内部结构变化的特征和鱼群整体变化的特征。内部结构变化的特征是指鱼群内鱼个体之间相互影响的一些变化特征,涉及鱼群中每条鱼的个体,如鱼群的平均鱼间距、平均最小距离和平均最大距离等。鱼群整体变化的特征是指将整个鱼群看成一个整体,观察其行为变化,如鱼群分布情况、鱼群所占面积等。

观察鱼群行为变化(图 5.5),不难发现红鲫鱼在正常水质中通常保持良好的群聚性,而在受污染的水质中其群聚特征逐渐减弱。

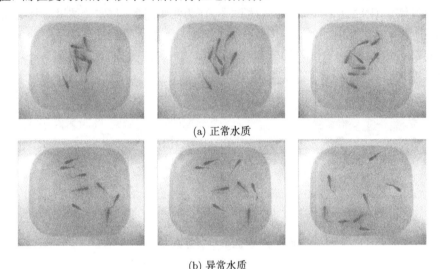

(a) 正常水质

(b) 异常水质

图 5.5   鱼群行为在正常水质与异常水质中的对比

结合鱼群整体变化及内部结构变化,可得描述鱼群群聚性行为特征的 2 个行为参数,如图 5.6 所示。

(1)群聚半径 R:指在鱼群行为建模时,针对正常的水质状况,以鱼群重心点为圆心,能够正好覆盖鱼群中所有鱼的外接圆的半径,即鱼群中离鱼群重心点最远的鱼与鱼群重心之间的距离。在正常水质情况下,可以求得一个标准的群聚半径 R。

(2)群聚数 N:由群聚半径 R 计算而来,也就是半径为 R 的区域内鱼的条数。

在鱼群目标分割结果的基础上,即鱼体对象的轮廓线,通过计算边界点的几何中心点得到每条鱼体中心的坐标。设鱼体二维对象为 O_i,则 $(x_i, y_i), i = 1, 2, \cdots, n$

表示该对象所有的边界点。鱼体目标是一个非刚体目标,其轮廓随机变化且是一个不规则多边形,通过统计目标轮廓线所包含的区域内像素点的个数来求得目标对象的面积。鱼体二维对象面积 S 的计算公式可以表示为

$$S = \sum_{x_i = x_{\min}}^{x_{\max}} |y_i - y_i'| \tag{5-9}$$

其中,$x_{\max}$ 为对象 O 轮廓中 x 坐标轴上的最大值;$x_{\min}$ 为对象 O 轮廓中 x 坐标轴上的最小值;y_i 和 y_i' 为对象轮廓上横坐标为 x_i 的点的纵坐标。

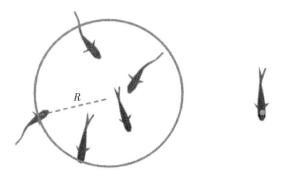

图 5.6　鱼群群聚性行为特征示意图

为了较好地过滤干扰噪声点,对鱼体对象目标设置了双门限,$T_{\max}$ 代表门限上界,$T_{\min}$ 代表门限下界。由实验数据可知,在 640 像素 × 480 像素大小的图像中,一般鱼体对象目标的面积为 250~500 像素。尽管噪声的面积值一般都较小,但考虑到在分割中可能存在多条鱼相连的情况,故将门限上界值设为 1500,门限下界值设为 100。过滤公式表示如下:

$$S = \begin{cases} 0, & S > T_{\max} \\ S, & T_{\max} \geqslant S \geqslant T_{\min} \\ 0, & S < T_{\min} \end{cases} \tag{5-10}$$

通过上下门限将面积值为 0 的对象过滤,再根据式 (5-11) 计算得到鱼类对象目标的几何中心点 $f(\bar{x}, \bar{y})$ 作为鱼体中心坐标:

$$\bar{x} = \frac{\sum\limits_{i=1}^{n} x_i}{n} \tag{5-11}$$

$$\bar{y} = \frac{\sum\limits_{i=1}^{n} y_i}{n} \tag{5-12}$$

5.3.1   鱼群的三角网格模型

为了使鱼群重心坐标的计算结果更加准确,在获得鱼群中每个鱼体中心坐标位置后,引入 Delaunay 三角网规划方法。首先对所得鱼群目标进行三角划分,建立唯一的三角网络。然后在鱼群三角网络划分的基础上,求得鱼群重心坐标,以刻画鱼群的群聚特征。建立的 Delaunay 三角网具有以下 3 个基本准则 [8]。

1. 外接圆准则

对于 Delaunay 三角网内的任意一个三角形,其外接圆的内部都不能包含其他任何点,如图 5.7(a) 所示。

2. 最大化最小角准则

对于点集可形成的任意三角网,Delaunay 三角网所形成的三角形的最小角最大,即相邻的两个三角形所形成的凸四边形的对角线,在互相交换后,其六个内角中的最小角将不再增大,如图 5.7(b) 所示。

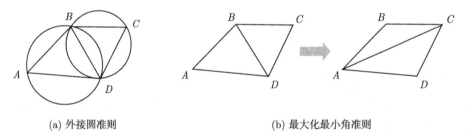

(a) 外接圆准则   (b) 最大化最小角准则

图 5.7   Delaunay 三角网基本准则示意图

3. 唯一性准则

从区域的任意一处开始构建三角网,其结果都一致。

目前,常用的 Delaunay 三角网建立方法主要有分割归并法、逐点插入法、包裹法和快速凸包法。逐点插入法相对简单易行,且上述所列算法只是在算法过程中选择的初始三角形及所用的数据结构不同,因此选择该方法建立鱼群目标三角网。建立三角网的基本步骤如下。

(1)将计算出的所有鱼体中心坐标作为 Delaunay 三角网的顶点集,对点集进行遍历,求出能包含所有点集的超三角形,作为初始三角形,并放入三角形链表。

(2)取出点集中剩余的任意一点,插入三角形链表,若该点在某一三角形内部,则将该点与三角形的三个顶点相连,形成 3 个新的三角形;若该点不在任何三角形的内部,则将其与距离最近的边的两个顶点相连,从而完成一个点在 Delaunay 三角形链表中的插入。

（3）采取互换对角线的方法对局部新形成的三角形进行优化，再将优化后形成的三角形放入 Delaunay 三角形链表。

（4）重复执行步骤 (2) 和 (3)，直到所有点插入完毕。

对鱼群目标建立 Delaunay 三角网的效果，图 5.8 为一段视频的第 100 帧、第 200 帧、第 300 帧、第 400 帧所建三角网的结果。由图中可以看出，在建立的 Delaunay 三角网中，每个鱼体中心坐标为三角形的顶点，与其相邻的点形成符合外接圆准则和最大化最小角准则的三角形，且结构唯一。

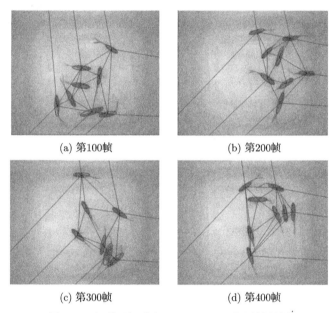

(a) 第100帧　　　　　　　　　　　(b) 第200帧

(c) 第300帧　　　　　　　　　　　(d) 第400帧

图 5.8　鱼群目标建立 Delaunay 三角网效果图

在图 5.8(c) 中，右下角的两条鱼由于发生交叉遮挡情况，其目标分割结果不理想，未能将两条重叠的鱼体分开，故将两条鱼看成一个整体作为三角网中的一个顶点。

根据已建立的 Delaunay 三角网，鱼群重心坐标的计算公式如下：

$$\bar{x} = \frac{a_i \sum_{i=1}^{n} \bar{x_i}}{3m} \tag{5-13}$$

$$\bar{y} = \frac{a_i \sum_{i=1}^{n} \bar{y_i}}{3m} \tag{5-14}$$

其中，点 $(\bar{x_i}, \bar{y_i})$ 为鱼群中某一条鱼的中心坐标，即 $(\bar{x_i}, \bar{y_i}) \in f(\bar{x}, \bar{y})$；$a_i$ 是点

$(\bar{x}_i, \bar{y}_i)$; m 表示形成的三角网中所包含的三角形个数，可设鱼群中的权重因子等于该顶点在三角网中所连接的三角形个数。

由图 5.9 可知，鱼群越密集的地方，所形成的三角网越复杂，顶点所连接的三角形也越多，权重因子 a_i 的值也就越大。在鱼群比较集中的情况下，本方法与之前算法 [9] 的计算结果相差不大，而当鱼群较为分散时，本节方法所得的重心位置更偏向于鱼群较多的一边，使得鱼群重心位置更能准确地代表整个鱼群。

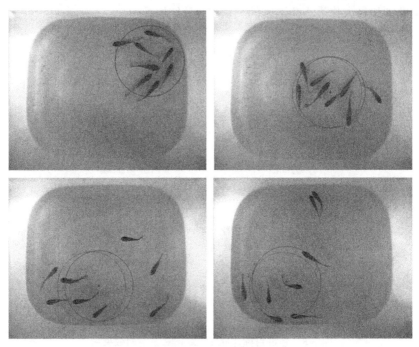

图 5.9   鱼群重心位置计算结果对比图

对于每一个图像帧，都可以计算得到一个鱼体中心坐标点集 $f_i(\bar{x}_i, \bar{y}_i)$ 及该鱼群的重心坐标 $F(x, y)$。因此，对于每一个鱼体中心，都可以计算出它到鱼群重心位置的距离 D_i：

$$D_i = \sqrt{(x - \bar{x}_i)^2 + (y - \bar{y}_i)^2} \tag{5-15}$$

根据重心位置的距离 D_i，可得群聚半径为

$$R = \max(D_i) \tag{5-16}$$

对于正常水质情况下的鱼群，可得到一个正常的鱼群群聚性行为模型的群聚半径 R 和群聚数 N。通过实验得到这两个参数的具体值后，就可以根据它们对水质的变化进行预警，步骤如下。

（1）正常水质下，确定适合进行鱼群行为特征建模的鱼群最佳条数。

（2）正常水质下，确定鱼群群聚性社会行为特征 R 的标准值。

（3）比较鱼群群聚性社会行为特征 N 在正常水质和异常水质的变化情况。

5.3.2 群聚半径和群聚数

实验用鱼为红鲫鱼，约 300 条，平均长度约为 5cm。每 100 条红鲫鱼饲养在 48cm(长)×28cm(宽)×37cm(高) 的鱼缸中，同时配备过滤器、氧气泵等装置以确保红鲫鱼在饲养环境中能正常生活，饲养用水和实验用水为曝气 24h 的自来水，水温为 $(10 \pm 2)℃$，pH 为 7.0。实验槽的大小为 35cm×29cm×14cm。为了减少外界因素对分析结果的影响且让实验指示鱼得到较好的休息，实验均在每天的 8:00~22:00 期间于密闭的机箱中完成。

不同数目的群体，其群聚性也会有所不同。为了得到最佳的群聚性，就必须确定建模所需鱼群的最佳条数。考虑到实验槽大小与红鲫鱼鱼群大小的比例关系，本实验的鱼群条数范围为 3~15 条。实验步骤描述如下。

（1）随机挑选饲养鱼缸中的 3 条鱼，放入盛有 3L 水的实验槽中，水高约为 8cm。

（2）让实验指示鱼在实验槽中适应 5~10min，度过转移到新环境的焦躁期后，开始拍摄实验槽中鱼群的游动状况，拍摄时间持续 10min。

（3）拍摄结束后，再从饲养鱼缸中挑选出一条指示鱼，添加到实验槽中。

（4）重复步骤 (2) 和 (3)，直至实验槽内有 15 条实验指示鱼。

按照上述步骤，重复 3 次该实验。实验完成后，可得到 $13×3$ 个时间为 10min 的视频片段，由于摄像机每秒钟都能采集到 15 帧图像，故每 10min 的视频会生产 9000 帧图像。对于每个视频段的每一帧图像，根据 5.3.1 节介绍的方法计算群聚半径 R。计算该段视频的平均群聚半径 $\bar{R}$ 作为该鱼群数目的群聚半径 R，如下所示：

$$\bar{R} = \frac{\sum\limits_{i=1}^{n} R_i}{n} \tag{5-17}$$

为了更好地分析鱼群的最佳条数，这里还对鱼群密度 (Desity)、鱼群所占面积与图像大小的比例 (Ratio) 这两个特征进行分析：

$$\text{Desity} = \pi \bar{R}^2 / n \tag{5-18}$$

$$\text{Ratio} = \pi \bar{R}^2 / A \tag{5-19}$$

其中，n 是视频片段中鱼群所包含的指示鱼数目；A 是一个常数，等于视频帧图像面积大小，为 640 像素 ×480 像素。这两个特征都是基于群聚半径计算得到的。

表 5.1 显示了不同鱼群数目各个特征计算结果。

表 5.1　不同鱼群大小各个特征计算结果

鱼群大小/条	R/像素	Desity/(像素 × 像素)	Ratio/%
3	60.28	3804.3	0.034284
4	65.87	3402.9	0.040938
5	79.62	3981.1	0.059812
6	84.03	3695.3	0.066622
7	109.66	5394.2	0.113460
8	107.76	4557.8	0.109562
9	116.83	4762.1	0.128782
10	122.23	4264.7	0.140962
11	126.94	5059.7	0.152035
12	129.24	4370.6	0.157594
13	148.64	5336.5	0.208458
14	168.25	6349.1	0.267089
15	139.64	4081.9	0.183978

从表 5.1 中可知,群聚半径 R 与鱼群数目呈正相关关系,随着鱼群数目的增加而增大,不能确定建模所需的鱼群最佳条数。鱼群密度在 3400~6400 波动不定,不具规律性。与群聚半径 R 类似,特征值 Ratio 也随着鱼群数目的增大而呈上升趋势,但根据数值的变化,可以划分为 3 段。第一段为 3~6 条鱼,该段的 Ratio 值都小于 0.1;第二段为 7~10 条,该段的 Ratio 值大于 0.1 且小于 0.15;第三段为 11~15 条,该段的 Ratio 值均大于 0.15。对于第一段来说,其 Ratio 值都偏小,表明鱼群所占面积在图像中所占比率较小,鱼群数目也较少,鱼群在鱼缸中容易呈稀疏状态;与第一段相反,第三段的 Ratio 值较大,鱼群在鱼缸中比较拥挤;第二段的 Ratio 值比较适中,故选择第二段的 Ratio 值中最小的 8 条作为鱼群群聚性行为建模的最佳鱼群条数。

在采用 8 条鱼作为建模所需鱼群的最佳条数基础上,通过分析在正常水质下鱼群重心和群体分布的统计数据,得到正常水质下鱼群的标准特征值。实验步骤如下。

(1)随机挑选饲养鱼缸中的 8 条鱼,放入盛有 3L 水的实验槽中,水高约为 8cm。

(2)让实验指示鱼在实验槽中适应 5~10min,度过转移到新环境的焦躁期后,开始拍摄实验槽中鱼群的游动状况,拍摄时间持续 1h。

(3)10min 结束后,再从饲养鱼缸中挑选出一条指示鱼,添加到实验槽中。

(4)重复步骤 (1) 和 (2) 共 9 次。

实验执行的时间为 8:00~21:00,以 1h 为一个视频片段。每次小实验需要操作时间及实验指示鱼的适应期大约为 20min, 故该 14h 的实验拍摄结果为 10 个片长为 1h 的视频片段。每秒钟能采集到 15 帧图像, 故每个视频源包含 54000 图像帧数据。取每个小时视频图像帧得到的群聚半径 R 的平均值作为该视频段的 R 标准值, 结果如表 5.2 所示。

表 5.2　鱼群 (8 条) 标准值统计表

拍摄时间	该时间段的 R 标准值/像素
8:00~9:00	105
9:20~10:20	103
10:40~11:40	106
12:00~13:00	107
13:20~14:20	114
14:40~15:40	111
16:00~17:00	106
17:20~18:20	111
18:40~19:40	124
20:00~21:00	123
总平均标准值	111

由表 5.2 可知, 各时间段的值差异性不大, 该值在 103~114 像素波动。由于群体之间存在的差异及实验操作干扰等其他因素的影响, 也存在少数超过 120 像素的情况。总之, 本组实验分析了正常水质下鱼群的 R 值, 最终确定以 8 条鱼为最佳鱼群条数, 鱼群群聚性行为的标准群聚半径 R 为 111 像素。

此外, 还以 8 条鱼组成的鱼群为指示生物, 在标准群聚半径 R 的基础上通过分析特征值 N 在正常水质和异常水质下的区别, 验证鱼群群聚性行为模型的正确性。实验采用草甘膦溶液作为改变水质的指示剂。本实验选用的草甘膦溶液中草甘膦有效成分为 41%。

通过换算可知, 3L 水中加入 0.6mL 的草甘膦溶液, 浓度为 0.1g/L; 分别针对浓度为 0.1g/L、0.05g/L、0.025g/L 的草甘膦溶液进行群聚性社会行为模型的对比实验。实验步骤如下。

(1) 随机挑选饲养鱼缸中的 8 条鱼, 放入盛有 3L 水的实验槽中, 水高约为 8cm。

(2) 让实验指示鱼在实验槽中适应 5~10min, 度过转移到新环境的焦躁期后, 开始拍摄实验槽中鱼群的游动状况, 拍摄时间持续 1h, 完成后停止拍摄。

(3) 在实验槽中分别加入 0.6mL、0.3mL、0.015mL 的草甘膦溶液, 为了减少人为操作对实验结果的影响, 倒入溶液时尽量不要打扰鱼群的正常游动。

(4) 开始拍摄鱼群的游动情况, 拍摄时间持续 1h。

(5) 重复步骤 (1) ~ 步骤 (4) 共 30 次, 即每个浓度完成 10 次实验。

完成实验后，一共可以得到 60 个时长为 1h 的视频片段，其中 30 个为加入草甘膦溶液暴露下的异常水质中鱼群活动的视频片段，剩余 30 个视频片段是其相对的正常水质中鱼群活动录像。针对每个视频的每一张图像帧，均求得其在标准群聚半径下的群聚数，并分析其统计数据。

图 5.10 ～ 图 5.12 显示了浓度为 0.1g/L、0.05g/L、0.025g/L 的草甘膦溶液暴露的实验组数据对比。图中实线为正常水质下群聚数随时间的变化情况，虚线为草甘膦暴露后的异常水质中群聚数随时间的变化情况。

由图 5.10 可知，群聚数 N 在正常水质和异常水质中差异较为明显，反应时间约为 1000s，即可看出行为特征变化的明显差异。在正常水质状况中，群聚数 N 基本在 0～1.5 条波动，个别组达到了 2 条，而在加入草甘膦溶液后，鱼群的群聚性特征减弱，即群聚数 N 逐渐增大。在 0～1000s 的反应期，鱼群由于刚受到污染物的刺激，常表现为躁动不安，无休止地游泳并争先向水面活动，这为鱼群的应激反应的第一阶段，虽然还维持一定的群聚性，但是会出现惊恐逃避、躲蹿等破坏群聚性的行为，群聚数 N 约达到了 3 条。1001～3600s 的反应期为鱼群应激反应的第二阶段，随着草甘膦对鱼体的侵害，鱼群活动逐渐减少、游动缓慢、群体聚集行为降低，常常单独游动至水面或沉入水底等。此时，群聚数 N 逐渐增大，最后大部分在 4～6 波动。

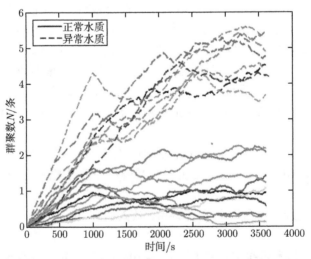

图 5.10　0.1g/L 草甘膦溶液暴露的鱼群行为数据对比图

图 5.11 为 0.05g/L 草甘膦溶液暴露下的鱼群行为特征对比图。与 0.1g/L 草甘膦溶液暴露的结果类似，正常水质中，群聚数在 0～1.5 条波动；而在草甘膦溶液暴露后，鱼群行为的应激反应也可以分为两个阶段，第一阶段为 0～1500s，第二阶段为 1501～3600s。在第一阶段中，群聚数迅速增大到 3～4 条；第二阶段群聚数逐渐

增大至 5 条，由于鱼类个体的差异，尽管会出现个别组 N 值降低的情况，但是第二阶段反应后期群聚数 N 基本维持在 4~5 条，比 0.1g/L 草甘膦溶液暴露的结果略微减小。

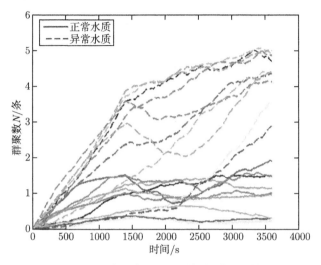

图 5.11　0.05g/L 草甘膦溶液暴露的鱼群行为数据对比图

图 5.12 为 0.025g/L 草甘膦溶液暴露下的鱼群行为特征对比图。鱼群应激反应的两个阶段分别为 0~1000s 和 1001~3600s。正常水质情况下，鱼群的群聚数 N 在 0~2 条波动，在 0.025g/L 草甘膦溶液暴露后，由于浓度较低，群聚数 N 基本维持在 2~4 条。

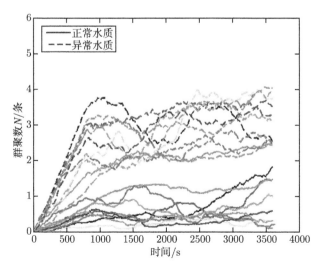

图 5.12　0.025g/L 草甘膦溶液暴露的鱼群行为数据对比图

此外，还对整个实验时间段 (时长为 1h) 的群聚数 N 进行了统计，求得其平均值，如表 5.3 所示。由表中可以看出，正常水质中，在标准群聚半径 R 为 111 像素时，所得的平均群聚数 N 均小于异常情况。

表 5.3   水质正常与添加草甘膦溶液下鱼群群聚数 N 的平均数值   (单位: 条)

溶液浓度	水样情况	组 1	组 2	组 3	组 4	组 5	组 6	组 7	组 8	组 9	组 10
0.1g/L	正常	1.07	0.38	1.34	0.90	0.36	1.88	0.58	1.07	0.61	0.61
	异常	4.55	3.27	3.74	3.60	4.17	4.36	3.60	3.58	3.45	4.13
0.05g/L	正常	0.98	0.22	1.21	1.21	0.98	1.45	0.99	0.46	0.29	1.21
	异常	3.30	4.27	4.39	4.18	4.06	3.67	3.27	1.76	1.44	3.57
0.025g/L	正常	0.75	0.70	1.33	0.82	0.64	0.36	2.10	0.24	0.39	0.42
	异常	2.80	2.98	2.32	3.45	2.32	2.59	3.28	3.18	3.00	3.21

为了更好地说明正常水质和异常水质下群聚数 N 的差异性，还需要分析群聚半径 R 与群聚数 N 之间的变化关系。考虑到一帧图像大小仅为 640 像素 ×480 像素，R 的取值从 50 开始，依次增加 10 直至到 150。图 5.13 中，虚线部分为异常水质情况下的 N-R 变化关系，实线部分为正常水质情况下的 N-R 变化关系。从图中可以看出，在正常水质环境中，群聚数 N 的值随着群聚半径 R 的增大而逐渐趋向于 0，达到收敛；而草甘膦暴露后，即使 R 值增大至 150，群聚数 N 依然为 3~5 条。

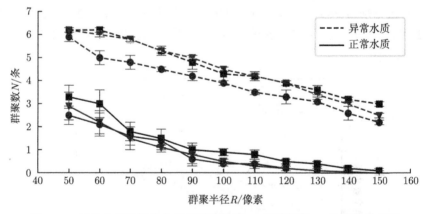

图 5.13   正常水质和异常水质中群聚半径 R 和群聚数 N 的变化关系图

5.4   基于群聚参数的水质预警方法

通过分析鱼群运动行为指标的变化与水质的关系，可推断水体环境的状况，实现水质安全监测预警的目的。首先，针对鱼群群聚性社会行为模型进行在线数据分析，求得水质在线监测应用中的预警阈值。其次，以红鲫鱼为指示生物，对其群体行为指标进行不同药物暴露的实验，结果表明群聚模型能有效地用于水质变化的监测。根据群聚参数判断水质变化的流程如图 5.14 所示。

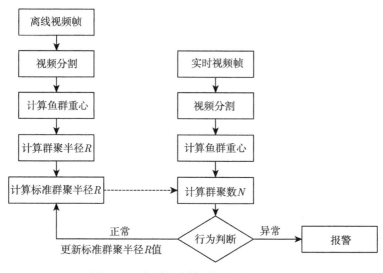

图 5.14　鱼群行为模型的在线分析流程

5.4.1　群聚参数的阈值

根据图 5.14 所示的流程，判断鱼群行为是否存在异常时，需要针对群聚数 N 设定一个标准阈值。考虑到对异常水质预警的及时性和准确性，以 5min 为一个单位，将 1h 的鱼群行为视频分割成 12 个时间段，对该段时间内的群聚数 N 进行统计，并求得其平均值。若该平均值大于标准阈值，则进行报警。

图 5.15 是浓度为 0.1g/L 的草甘膦溶液暴露下的视频组对群聚数 N 进行每隔 5min 的统计的结果图，颜色相同的为同一个实验对比组。从图中可以看出，正常水质时，群聚数 N 的范围为 0~2.5 条；进行草甘膦溶液暴露后，群聚数 N 从 1 条开始，上升至 4~6 条。

图 5.16 是浓度为 0.05g/L 的草甘膦溶液暴露下的视频组对群聚数 N 进行每隔 5min 的统计的结果图，颜色相同的为同一个实验对比组。由图中可以看出，正常水质时，群聚数 N 的范围为 0~3 条；进行草甘膦溶液暴露后，虽然有些实验组在反应初期群聚数 N 保持较低的状态，但在反应后期基本保持在 3~6 条，与正常水质情况下存在明显的差别。

图 5.17 是浓度为 0.025g/L 的草甘膦溶液暴露下的视频组对群聚数 N 进行每隔 5min 的统计的结果图，颜色相同的为同一个实验对比组。由图中可以看出，正

常水质情况下和草甘膦溶液暴露后的群聚数 N 虽然与上两组实验相比差异减小，但是在反应后期正常情况的群聚数 N 的范围为 0~3 条，异常情况的群聚数 N 的范围为 2~3 条，每个对比组还是可以区分的。

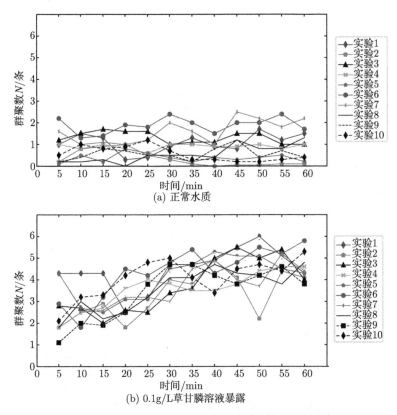

图 5.15　草甘膦（0.1g/L）添加对群聚数 N 的影响

通过对上述 30 组实验数据的分析可知，在正常水质情况下，群聚数 N 的波动变化范围为 0~3 条，而异常水质情况下，随着污染物对鱼体的渐渐侵害，群聚数逐渐变大并趋向于 6 条，当到达鱼群应激行为的反应后期，群聚数 N 基本稳定在 3~6 条。

为了更好地区分这两组数据，针对群聚数 N 区间 [1.5, 3.5] 的阈值对这 30 组视频数据 (60 个时长为 1h 的视频) 进行分析，并统计假阳率 (false positive rate, FPR)、真阳率 (true positive rate, TPR) 及其平均的报警时间，分析结果如表 5.4 所示。由表 5.4 可以看出，当群聚数 N 的阈值取 2.9 时，求得 FPR 的值为 0，TPR 的值为 100，平均报警时间为 21.17min，故选取阈值 2.9 作为水质在线监测方法的标准预警阈值。

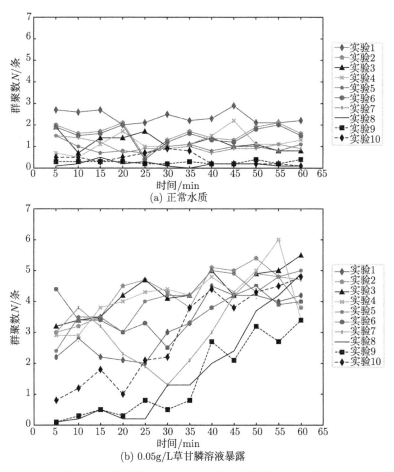

(a) 正常水质

(b) 0.05g/L草甘膦溶液暴露

图 5.16　草甘膦（0.05g/L）添加对群聚数 N 的影响

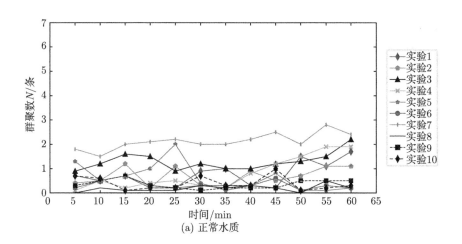

(a) 正常水质

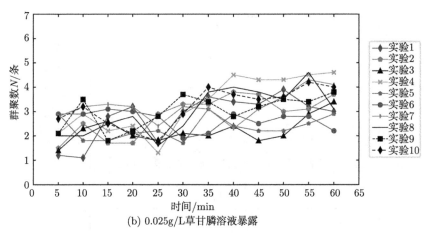

(b) 0.025g/L草甘膦溶液暴露

图 5.17　草甘膦（0.025g/L）添加对群聚数 N 的影响

表 5.4　群聚数 N 的阈值不同时 30 组视频数据的报警情况

N/条	FRP/%	TRP/%	AAT/min
1.5	53.33	100	8.83
1.6	50	100	8.5
1.7	33.33	100	8.83
1.8	33.33	100	9.5
1.9	30	100	9.5
2.0	26.67	100	10
2.1	20	100	10.5
2.2	20	100	11
2.3	13.33	100	11.17
2.4	13.33	100	11.33
2.5	6.67	100	12.33
2.6	6.67	100	12.83
2.7	6.67	100	15.33
2.8	3.33	100	16.83
2.9	0	100	21.17
3.0	0	100	21.83
3.1	0	96.67	23
3.2	0	93.33	25
3.3	0	93.33	26
3.4	0	93.33	28.67
3.5	0	86.67	29.33

5.4.2　污染物对群聚行为的影响

为了验证不同的污染物质对红鲫鱼群体行为的影响，并验证报警阈值的正确性,本节对正常水质进行了氢氧化钠溶液和稀盐酸溶液的暴露,改变了水质的 pH。实验步骤如下。

（1）随机挑选饲养鱼缸中的 8 条鱼,放入盛有 3L 水的实验槽中,水高约为 8cm。

（2）让实验指示鱼在实验槽中适应 5~10min,度过转移到新环境的焦躁期。

（3）在实验槽中加入 2.5mL 浓度为 1.0mol/L 的氢氧化钠溶液/稀盐酸溶液,此时水的 pH 约为 8.5/5.5。为了减少人为操作对实验结果的影响,倒入溶液时尽量不要打扰鱼群的正常游动。

（4）立即开始对鱼群的游动进行在线分析,记录该次实验的报警时间,并录制该视频。考虑该系统及时性的预警要求,设置超过半小时未进行报警的为未检出污染物。

（5）重复步骤 (1) ~ 步骤 (4) 共 60 次,每种溶液完成 30 次实验。

pH 是评价水体质量的一个重要指标,对水体中的鱼类、水生浮游生物等均有重要影响,pH ≥ 9.5 或 pH ≤ 5.5 时,鱼类易产生应激反应;而当水体 pH ≥ 11.0 或 pH ≤ 4.0 时,鱼类容易死亡。在酸性水中,鱼类的新陈代谢水平减弱,摄食减少,不易消化,游动缓慢,生长受阻;pH 高于一定值 (如 10) 时,最先遭到破坏的是鱼体表皮肤和鳃组织,鱼类出现相应的应激表现 [10]。

在上述实验中,水体遭到氢氧化钠溶液和稀盐酸溶液的污染,由 pH 滴定液测试得到,其 pH 已改变为 8.5 和 5.5,鱼群发生了应激反应,每组实验都发生了报警现象。表 5.5 显示了分别在氢氧化钠溶液和稀盐酸溶液的暴露下每组实验的报警时间。

表 5.5　氢氧化钠溶液和稀盐酸溶液暴露下的报警时间

溶液	正确率/%	平均报警时间/min
氢氧化钠溶液 (pH = 8.5)	80	9.17
稀盐酸溶液 (pH = 5.5)	93.33	6.96

5.5　群体行为量化指标

除了 5.4 节介绍的群聚半径以外,还有其他的量化鱼群群聚行为的参数,这些参数亦可在水质监测中发挥作用。例如,鱼群在异常水质下的平均游动速度偏大,表现出一种焦虑行为;在正常水质下,鱼群游动具有队列性,而在异常水质中,鱼群的游动呈现一种杂乱无章的情况,尤其是鱼群在正常水质下的聚合度大于异常水质下的聚合度,且鱼群内鱼与鱼之间的距离较小。因此,本节将介绍平均游动速度、极化值和最近邻距离等量化群聚行为的特征值。

5.5.1 平均游动速度

无论是单条鱼还是鱼群,鱼的游动速度都是判断鱼类行为状态的一个重要指标,它也是直观地反映行为习性受水质变化影响的一个表征。在正常水质下,鱼群大多数处于静止状态,偶尔会有几条鱼在游动,且游动速度较慢;而在异常水质下,鱼群内每条鱼都出现不同程度的焦虑行为,体现为不停地游动和不断地撞击鱼缸壁,且游动速度较快。因此,受试鱼群的平均游动速度可作为水质监测中的特征参数。

假定鱼群中某一条鱼体对象的中心坐标前后两帧分别为 (x_{cp1}, y_{cp1}) 和 (x_{cp2}, y_{cp2}),时间间隔为 t,那么该条鱼的游动速度为

$$v = \frac{\sqrt{(x_{cp1} - x_{cp2})^2 + (y_{cp1} - y_{cp2})^2}}{n} \tag{5-20}$$

处理鱼群交叠时的分割结果有可能存在错误,导致无法准确计算每一条鱼的中心坐标。为了避免鱼群在交叠时每条鱼的中心点丢失而导致的速度异常的情况,可把 15 帧内的各条鱼的速度做平均运算,得到鱼群的平均游动速度。

假设鱼群内鱼的条数为 m,那么鱼群的平均游动速度为

$$\bar{v} = \frac{1}{m} \sum_{i=1}^{m} v_i \tag{5-21}$$

本节利用式 (5-21),计算红鲫鱼鱼群在正常水质与异常水质下的鱼群平均游动速度。结果表明,实验鱼鱼群处于异常水质组的平均游动速度(120 像素/s)小于正常水质组的平均游动速度(180 像素/s),且存在显著性差异($F_{1,18} = 18.33$,$p < 0.001$)。此外,在正常水质中鱼群的平均游动速度在 160~200 像素/s 波动;而在异常水质中鱼群的平均游动速度在一开始加草甘膦时的 80 像素/s 迅速升高到 15min 后的 200 像素/s,之后降低到 100~120 像素/s,保持平稳。

图 5.18(a) 为不同水质下的鱼群平均游动速度,图 5.18(b) 显示了不同水质下

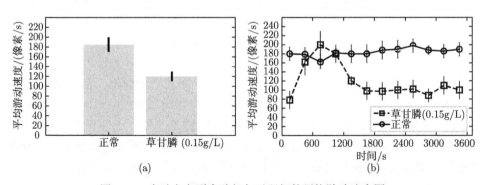

图 5.18　实验鱼鱼群实验组与对照组的平均游动速度图

鱼群平均游动速度随时间的变化（所用的毒理药物为浓度 0.15g/L 的草甘膦溶液，红鲫鱼条数分别为 3 条和 6 条，实验时间都为 60min）。

从图 5.18 中可以得到，鱼群在水样未加草甘膦的情况下游动速度平稳，在加草甘膦时由于环境变化的刺激，它们从趋向于静止或缓慢游动进入戒备状态。当鱼群感受到药物时，就会迅速做出反应，游动速度明显加快以逃离所处的水样环境。一段时间后，鱼群适应该环境或已经无法做出应激反应，鱼群的游动速度变慢，最后趋于平稳。

5.5.2　极化值

鱼群在正常水质下游动呈现一定的队列性，一旦某条"领导者"开始游动，剩下的鱼群就像"跟随者"一样，朝"领导者"游去。此时，鱼群中的鱼头朝向会趋于一致。当"领导者"停下来时，其他鱼群也会趋于静止，从而鱼群聚拢在一起。在异常水质下，鱼群游动时的队列性会被破坏，大部分的鱼都不会受邻近鱼游动的影响，表现出到处乱窜的游动行为。因此，受试鱼群的鱼头朝向可作为水质监测中的对象特征参数。

图 5.19(a) 为鱼群在正常水质下的游动图，可以发现鱼群中每条鱼的鱼头方向基本呈一致性；图 5.19(b) 为鱼群在异常水质下的游动图，可以发现每条鱼的鱼头方向没有规律性。

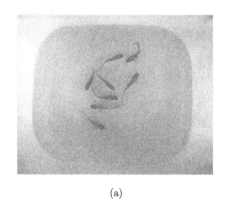
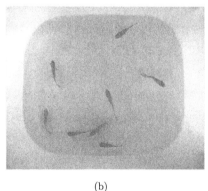

(a)　　　　　　　　　　　　　　　(b)

图 5.19　鱼群在正常水质与异常水质下的方向表示图

将鱼头朝向以鱼体中心点来度量实验鱼所处的位置。首先，把鱼在二维平面内鱼头的朝向分为 8 个象限，标记为 0~7，即 0°~45° 为第一象限，标记为 0；45°~90° 为第二象限，标记为 1；以此类推共 8 个象限，如图 5.20 所示。1s 内鱼头朝向变化不大，因此选取 15 帧中朝向标记最多的那个标记。

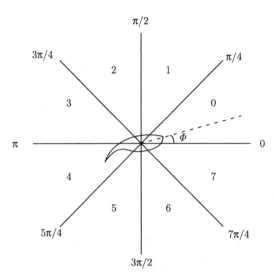

图 5.20　鱼头朝向象限示意图

定义鱼群的极化值为 P，用来度量鱼群的队列程度。因此，N 条鱼在某一时刻的极化值为

$$P = \frac{1}{N} \sqrt{\left(\sum_{i=1}^{N} \cos \varPhi_i(t)\right)^2 + \left(\sum_{i=1}^{N} \sin \varPhi_i(t)\right)^2} \qquad (5\text{-}22)$$

其中，$\varPhi_i(t)$ 是第 i 条鱼在 t 时刻头部朝向的角度；N 为鱼的条数。

由式（5-22）可知，当鱼群中每条鱼的头部朝向一致时，P 值为 1。

图 5.21(a) 为不同水质下的鱼群平均极化值，图 5.21(b) 显示了不同水质下鱼群的平均极化值随时间的变化。结果表明，实验鱼鱼群在正常水质中的平均极化值为 0.63，在异常水质中的平均极化值为 0.60，两组数据存在显著性差异（$F_{1,18} =$

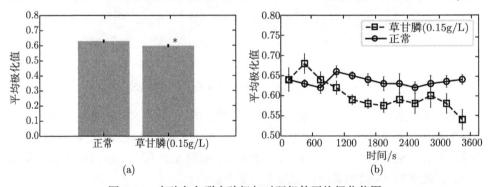

图 5.21　实验鱼鱼群实验组与对照组的平均极化值图

6.08，$p < 0.05$）。此外，鱼群在正常水质中的平均极化值在 0.6~0.65 波动；而在异常水质中的平均极化值一开始与正常水质下的值相同，接着有一个上升趋势，在之后的时间内随时间逐步变小，最后低于正常水质下的平均极化值。

上述实验数据说明，鱼群在异常水质中的队列性在一定程度上被破坏，且水样中加草甘膦后时间越久，队列性越差。该现象表明，在加草甘膦后鱼群中鱼的游动方向渐渐不受附近鱼的影响。

5.5.3　最近邻距离

鱼群在正常水质下，会呈现出聚集现象；而在异常水质下，鱼群较为分散，群聚性比较差。表征鱼群群聚性的行为特征有很多，如前面介绍的群聚半径、所包围的最大鱼群凸面积、鱼群簇数等。本节介绍使用鱼群间最近邻距离来度量鱼群的群聚性。

最近邻距离的定义如下：

$$
\begin{aligned}
\mathrm{NND}_i &= \min\left\{\mathrm{Distance}(\mathrm{CP}_i, \mathrm{CP}_j\right\} \\
&= \min\left\{\sqrt{(x_{\mathrm{cp},i} - x_{\mathrm{cp},j})^2 + (y_{\mathrm{cp},i} - y_{\mathrm{cp},j})^2}\right\}, \quad j = 1, m, j \neq i \quad (5\text{-}23)
\end{aligned}
$$

鱼群在正常水质与异常水质下的最近邻距离结果如图 5.22 所示。图 5.22(a) 为鱼群在正常水质下的情况，可以发现鱼群较为聚拢，目标鱼的最近邻距离较短；图 5.22(b) 为鱼群在异常水质下的情况，可以发现鱼群比较分散，目标鱼的最近邻距离较长。

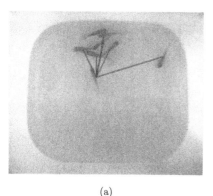 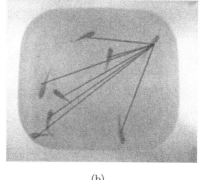

(a)　　　　　　　　　　　　　　　　　　　(b)

图 5.22　鱼群在正常水质与异常水质下的最近邻距离表示图

通过计算最近邻距离来比较实验鱼在不同水质下的行为异常，结果如图 5.23 所示。可知，实验鱼鱼群在异常水质中的平均最近邻距离为 110 像素，远大于正常水质中的平均最近邻距离（60 像素），两组数据存在显著性差异（$F_{1,18} = 41.64$，$p <$

0.001)。在正常水质中,鱼群平均最近邻距离在 60 像素上下浮动,且比较稳定;在异常水质中,鱼群平均最近邻距离从一开始的 80 像素迅速上升到 110 像素,在之后的时间里保持在 110~120 像素。

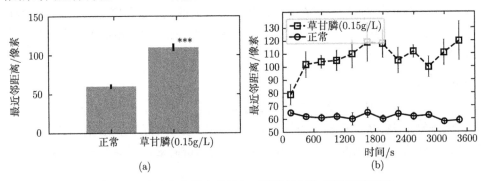

图 5.23　实验鱼鱼群实验组与对照组的平均最近邻距离图

　　下面通过改变实验用鱼的条数来进一步验证以上三个群聚参数的有效性。图 5.24 为不同水质下鱼群平均游动速度的时间序列图。结果表明,正常水质中鱼群的平均游动速度在 160~180 像素/s 波动;而异常水质中鱼群的平均游动速度在一开始加草甘膦时的 180 像素/s 迅速升高到 15min 后的 240 像素/s,之后降低到 130~150 像素/s,保持平稳。总的游动速度趋势与 3 条鱼的游动速度趋势类似,鱼群在未加草甘膦的情况下游动速度平稳,当加入药物时鱼群游动速度明显加快。一段时间后,鱼群适应该环境或已经无法做出应激反应,游动速度最终趋于平稳。

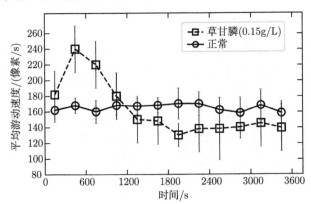

图 5.24　实验鱼鱼群(6 条)实验组与对照组的平均游动速度时间序列图

　　图 5.25 为不同水质下实验鱼鱼群平均极化值的时间序列图。结果表明,鱼群在正常水质中的平均极化值在 0.48~0.54 范围波动;而在异常水质中的平均极化值一开始与正常水质下的值相同,接着呈上升趋势,再在之后的时间内随时间逐步变

小, 且在 0.44 值附近波动。总的极化值趋势也与 3 条鱼的极化值趋势类似, 但总体极化值偏小。

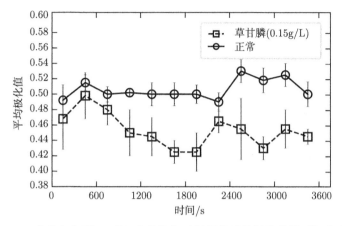

图 5.25　实验鱼鱼群 (6 条) 实验组与对照组的平均极化值的时间序列图

图 5.26 为不同水质下实验鱼鱼群平均最近邻距离的时间序列图。从图中可以看出, 在正常水质中, 鱼群平均最近邻距离在 55 像素上下浮动, 且比较稳定, 这比鱼群为 3 条时的平均最近邻距离要略小。在异常水质中, 鱼群平均最近邻距离从一开始的 70 像素不断上升至 90 像素, 表明鱼群在加草甘膦后鱼间的相互距离随时间越来越大, 群聚性越来越差。

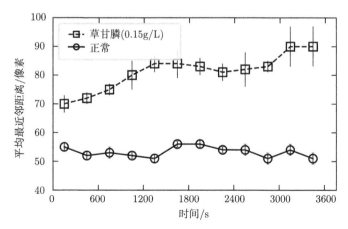

图 5.26　实验鱼鱼群 (6 条) 实验组与对照组的平均最近邻距离的时间序列图

5.6　小　　结

本章首先介绍了一种改进的鱼群目标分割算法, 该算法解决了复杂背景下鱼群分割准确性低的问题。其次通过鱼群在不同水质下的行为特征，量化了鱼群行为变化的特征参数，包括群聚半径、平均游动速度、极化值和最近邻距离。

本章建立了鱼群群聚性特征的数学模型，通过计算鱼群中每条鱼的中心坐标，建立具有唯一性的 Delaunay 三角网格，以此计算出鱼群体的重心坐标。基于 Delaunay 三角网格计算重心坐标的方法，对每个顶点都赋予不同的权重，得到准确的鱼群的重心坐标，以便反映出鱼群的群聚性特征。此外，还分别介绍了平均游动速度、极化值和最近邻距离这三个较为常见的群聚参数，实验这些参数在水质发生变化前后具有显著的区别。通过分析鱼群在正常水质与异常水质下群聚性特征的分布，建立了鱼类群体行为与水质变化之间关系的计算模型。通过实验验证，鱼群在正常水质下游动速度平缓、队列性稳定、相互距离保持稳定；而在添加草甘膦的情况下表现出逃避行为，鱼群的平均游动速度迅速增加、队列性逐渐被破坏、相互距离逐渐变大。

参 考 文 献

[1] Clark P J, Evans F C. Distance to nearest neighbor as a measure of spatial relationships in populations[J]. Ecology, 1954, 35(4): 445-453.

[2] 闫成新, 桑农, 张天序. 基于图论的图像分割研究进展[J]. 计算机工程与应用, 2006, 42(5): 11-14.

[3] Urquhart R. Graph theoretical clustering based on limited neighbourhood sets[J]. Pattern Recognition, 1982, 15(3): 173-187.

[4] Wu Z, Leahy R. An optimal graph theoretic approach to data clustering: Theory and its application to image segmentation[J]. IEEE Transactions on Pattern Analysis and Machine Intelligence, 1993, 15(11): 1101-1113.

[5] Felzenszwalb P F, Huttenlocher D P. Efficient graph-based image segmentation[J]. International Journal of Computer Vision, 2004, 59(2): 167-181.

[6] Gonzalez R C, Woods R E, Eddins S L. Digital Image Processing Using MATLAB[M]. Upper Saddle River: Prentice Hall, 2003.

[7] Levine M, Nazif A M. Dynamic measurement of computer generated image segmentations[J]. IEEE Transactions on Pattern Analysis and Machine Intelligence, 1985, 7(2): 155-164.

[8] Lee D T, Schachter B J. Two algorithms for constructing a delaunay triangulation[J]. International Journal of Parallel Programming, 1980, 9(3): 219-242.

[9] Wu J, Xiao G, Zhang Y, et al. Fish group tracking based on delaunay triangulation network[C]. 4th International Congress on Image and Signal Processing, Shanghai, 2011: 534-537.

[10] 胡应高. 鱼类的应激反应[J]. 淡水渔业, 2004, 34(4): 61-64.

第6章 基于免疫模型的水质安全预警系统

6.1 引　言

人工免疫系统 (artificial immune system, AIS) 是借鉴和利用生物免疫系统的基本原理和机制, 并结合各类信息处理技术而发展起来的一类智能算法。1996 年 12 月, 在日本举行的基于免疫性系统的国际专题讨论会首次提出 "人工免疫系统" 的概念, 之后人工免疫系统的相关研究迅速展开, 成为继神经网络、模糊逻辑和进化计算后人工智能的又一研究热点。人工免疫系统的应用范围涉及网络安全、模式识别、组合优化、控制和异常诊断等众多领域。

20 世纪 50 年代末开始, 免疫系统的基础和应用研究取得了一系列突破。1958 年, 澳大利亚学者 Burnet 率先提出了克隆选择原理, 并因此获得诺贝尔奖。1974 年, 美国学者 Jerne[1] 提出了免疫系统的网络假说, 开创了独特的免疫网络理论, 并给出了免疫网络的数学框架。后来 Perelson[2] 对免疫网络理论进行了扩展, 给出了独特型免疫网络的数学描述方法, 并讨论了该网络中信息传输的问题。

1986 年, Farmer 等 [3] 认为人工智能可以从免疫系统中得到启发, 探讨了免疫系统与人工智能的联系, 开始了人工免疫系统的研究。1989 年, Bersini 和 Varela 根据免疫系统能够通过产生不同的抗体和变异适应新环境的思想, 推动了免疫系统在解决工程问题方面的应用 [4]。1990 年, 日本学者 Ishida[5] 将人工免疫系统用于工程领域, 解决了传感器网络故障诊断的问题。接着, 有学者基于否定选择原理提出了否定选择算法和计算机免疫系统的概念, 开始将免疫原理应用于计算机安全和病毒检测领域。2002 年, Timmis 等进一步发展了克隆选择理论, 并提出了高频变异学说, 这是克隆选择扩增期间所产生的一类重要变异形式 [6]。同年, Dasgupta[7] 建立了一套计算机免疫系统用于抵御非授权入侵, 从而保障计算机系统的安全。与此同时, Dasgupta 及其学生一直致力于否定选择算法的相关研究, 并将其用于异常检测等工业应用中。2000 年, 巴西的 de Castro[8] 总结了人工免疫系统, 他建立了人工免疫系统的统一框架结构, 通过借鉴免疫网络和克隆变异机理, 提出了一种用于聚类分析和优化的人工免疫网络, 该网络已被较好地应用于优化、数据聚类等领域 [9]。2001 年, 英国 Kent 大学的 Timmis 等 [10] 对基于人工免疫系统的机器学习和数据挖掘技术进行了系统性的理论研究, 并开展了基于人工免疫系统的大规模数据挖掘应用研究。2002 年, 有学者对否定选择算法做了进一步的修改, 把变异引入其中以提高算法效率。同年, Kim[11] 提出了动态克隆选择算法, 该算法对网络入侵具有较好的检测效果。

在国内，人工免疫系统的应用也得到了国内诸多研究者的关注。靳蕃和谭永东[12] 在 1990 年前后就已经指出，免疫系统所具有的信息处理机制与机体防卫功能，从工程角度来看具有非常深远的意义。2000 年，中国科技大学的曹先彬等[13] 利用免疫遗传原理来求解装箱问题。2001 年，刘树林等[14] 在故障诊断应用领域中改进了否定选择算法，提出了对旋转机械进行在线故障诊断的新方法，诊断实例表明该方法监测准确率较高。2002 年，武汉大学的梁意文[15] 利用免疫原理对大规模入侵检测的预警技术进行了研究，并将多智能体引入计算机免疫系统，以提高检测的准确度。同年，中国科技大学王煦法项目组研制了一个基于人工免疫的入侵预警系统，该系统对未知入侵具有较好的预警能力。2003 年，中国科技大学的罗文坚等[16] 提出了一种基于免疫调节机制的免疫遗传算法，并利用该算法解决了固定频率分配和最小跨度频率分配问题。同年，行小帅等[17] 提出了一种基于免疫规划的 K-means 聚类算法。2006 年，张跃军等[18] 提出了一种基于免疫原理的混合式入侵检测模型。此外，丛琳等[19] 和汤凌等[20] 还将免疫学中的克隆选择原理应用于图像分割。

从以上关于国内外基于人工免疫系统的应用研究不难发现，人工免疫系统在异常检测方面能获得较好的检测结果。因此，本章将借鉴生物免疫系统的相关原理与机制，并结合基于生物监测的视觉感知技术，介绍基于视觉驱动的水质预警免疫模型。

6.2　生物免疫系统原理

6.2.1　生物免疫系统的组织结构

生物免疫系统[21](biological immune system, BIS) 是由免疫器官、免疫细胞和免疫分子组成的复杂自适应系统。它是生物体，特别是脊椎动物、人类，所必备的防御系统，能保护机体抗御病原体、有害异物及癌细胞等致病因子的入侵，与其他系统相互配合、相互制约，共同维持机体在生命过程中的生理平衡。组成免疫系统的器官和组织分布在人体各处，可完成各种免疫功能。免疫系统的各个组成部分如图 6.1 所示，下面将分述各个组成部分的主要功能。

1. 免疫器官

免疫器官包括中枢免疫器官和外周免疫器官。中枢免疫器官主要包括骨髓和胸腺，是产生免疫细胞 (主要是 T 细胞和 B 细胞) 的场所，其中骨髓是生成 B 细胞的唯一部位，胸腺是 T 细胞形成的部位。外周免疫器官包括脾脏、淋巴结、黏膜免疫系统、皮肤免疫系统等，是 T 细胞、B 细胞定居的场所，也是它们识别外来抗原后发生免疫应答的所在位置。

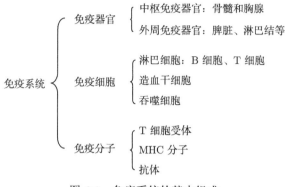

图 6.1 免疫系统的基本组成

2. 免疫细胞

凡参与免疫应答或与其相关的细胞均称为免疫细胞。免疫细胞可细分为淋巴细胞、造血干细胞和吞噬细胞等。其中，淋巴细胞是最重要的免疫细胞，在免疫应答过程中起核心作用。按其个体产生、表面分子和功能的不同，淋巴细胞又可分为 T 细胞和 B 细胞两类。

T 细胞产生于骨髓干细胞，在胸腺内发育成熟。成熟 T 细胞表面含有 T 细胞受体，该受体是 T 细胞识别外来抗原并与之结合的特异受体。T 细胞能够专门识别并直接破坏外来病菌，称为细胞免疫。T 细胞按功能可分为辅助性 T 细胞 (T helper cell, TH)、抑制性 T 细胞 (T suppressor cell, TS) 和毒性 T 细胞。其中，TH 和 TS 主要起调节作用，也称为调节性 T 细胞。TH 能够激活 B 细胞，帮助其克隆增殖，而 TS 的作用则正好相反，会抑制 B 细胞的分裂，避免过度免疫。毒性 T 细胞能够发现侵入体内的微生物、病毒或者癌细胞，向它们注入毒素，使其死亡，故又称杀伤性 T 细胞 (T killer cell, TC)。

B 细胞指那些在骨髓内发育成熟的细胞。成熟后的 B 细胞进入血液、淋巴结、脾、扁桃体等组织和器官中，主要执行产生抗体、提呈抗原以及参与免疫调节等功能。抗体是 T 细胞和 B 细胞在各自的表面表达的对于特定抗原决定基 (epitope) 高度特异的抗原识别受体。抗体是 B 细胞识别抗原 (antigen, Ag) 后增殖分化为浆细胞所产生的一种特异蛋白质 (免疫球蛋白)，能够识别并结合其他特异蛋白质 [22]。

抗体的一个重要组成部分是抗体决定簇和独特位。抗体决定簇主要用来作为与抗原相互匹配的媒介。独特位是在同一个机体不同抗体所形成的细胞克隆具有与其他抗体不同的抗原性，即每一种抗体所表现的与其他抗体不同的抗原特异性 [23]。

抗体与抗原结合,指抗体与抗原表面的某个分子结合。每个抗原都有一组抗原决定基,代表一种能够被 B 细胞上抗体决定簇所匹配的特异性,即能够被抗体识别的部分。抗原与抗体的结合,是通过抗原决定基和抗体决定簇之间的模式互补匹配进行的。抗体上的抗体决定簇总是寻找与自己最匹配的抗原决定基进行绑定结合,两者之间匹配的程度越好,绑定的强度越大,识别效果越好,这种结合强度称为亲和力。

抗体决定簇与抗原决定基的匹配是免疫系统进行模式识别的关键。抗体决定簇与抗原决定基绑定后 (即抗原被抗体识别并进行分子结合后),受到辅助 T 细胞的激活。当辅助 T 细胞对 B 细胞的刺激超过某一阈值之后,B 细胞开始大量分裂,并克隆自己。克隆后的一些细胞要经历一个高频变异过程,改变抗体自身结构,使其加强与抗原的匹配程度,这使得免疫系统具有自适应能力。同时,一些优秀的 B 细胞以记忆细胞的形式被保留下来,当有相同的抗原入侵时,能够迅速识别并消灭抗原,这就是免疫记忆的基本原理。相反,如果刺激水平降低到一定阈值,B 细胞不再能够复制自己,到了一定时间就会死亡。

抗原提呈细胞 (antigen presenting cell, APC) 是淋巴细胞以外的又一类重要的免疫细胞,包括单核吞噬细胞、树突状细胞等,其主要功能是摄取、加工和处理抗原并将抗原信息提呈给淋巴细胞。

3. 免疫分子

免疫分子包括 T 细胞受体、B 细胞受体 (抗体)、主要组织相容性复合体 (MHC) 分子、补体分子和细胞因子等。其中,抗体为一类免疫球蛋白,是最重要的免疫分子。这些免疫分子的功能各不相同,主要是溶菌、杀菌和调节多种细胞的生理功能等。

6.2.2 生物免疫机制

生物的免疫机制大致可分为免疫耐受、免疫识别、免疫应答、免疫学习、免疫记忆和免疫反馈等,免疫系统根据这些机制实现对有机体的保护。

1. 免疫耐受

免疫耐受是指免疫活性细胞接触抗原性物质时所表现出的一种特异性无应答状态。对自体抗原的无应答状态称为自体耐受,自体耐受的破坏将导致自体免疫疾病 [23]。

2. 免疫识别

免疫识别的本质是区分“自我”和“非自我”,是通过淋巴细胞上的抗原识别受体与抗原的结合实现的,结合的强度称为亲和力。未成熟 T 细胞首先需要经历一个检查过程，只有那些不能与"自我"发生应答的 T 细胞才可以离开胸腺进入血液系统，执行免疫应答任务，这防止了免疫细胞对自身的免疫。这个过程称为否定选择，它是免疫识别的一种主要方式。当抗体和抗原的亲和力值超过一定阈值时，产生抗体的 B 细胞就会进行克隆增生，同时在克隆过程中进行高频变异，以产生与抗原亲和力值更高的匹配抗体。克隆扩增的数量和高频变异程度与抗体和抗原间的亲和度密切相关。亲和力值越高，特定 B 细胞克隆扩增的数量越多，而其变异程度则越小 [24]。

3. 免疫应答

外部有害病原入侵机体并激活免疫细胞，诱导其发生反应的过程称为免疫应答 [25]。免疫应答分为先天性免疫应答和适应性免疫应答两种。

先天性免疫应答是遇到病原体后能迅速产生防御作用的免疫应答过程，是一种先天获得的、可快速清除病原体的应答过程，在感染早期执行防卫功能。它由皮肤、黏膜及体内的物理环境完成。在先天性免疫应答中，执行免疫功能的有皮肤和黏膜的物理阻挡、局部细胞分泌的抑菌、杀菌物质的化学阻隔等。

适应性免疫应答是一种特异性识别并清除病原体的应答过程，是生物体免疫细胞识别、活化、克隆增生及消除异己成分以维持自身稳定的过程，由体内的免疫细胞 (T 细胞和 B 细胞) 组成，具有特异性、记忆、区分"自我"与"非自我"、多样性和自我调节等优良特性。这种免疫应答主要由 T 细胞及 B 细胞执行。能被 T 细胞、B 细胞识别并刺激 T 细胞、B 细胞进行特异性免疫应答的病原体为抗原。免疫细胞识别病原体后活化，活化后并不立即表现出保护功能，而是经过一个免疫应答过程，4~5 天后才能生成相应的效应细胞，对已识别的病原体施加清除消灭作用。适应性免疫应答是继先天性免疫应答之后而发挥作用的，在最终消灭病原体的过程中起着主要作用 [22]。

适应性免疫应答又分为首次免疫应答和二次免疫应答。首次免疫应答发生在免疫系统第一次遭遇某种病原体入侵时。此时，免疫系统产生大量抗体以清除体内抗原。首次免疫应答时对未知病原体的应答过程缓慢，抗原浓度需求大，诱导潜伏期长。在首次免疫应答后，免疫系统将首次入侵的病原体清除出体外，同时保留一定数量的 B 细胞作为免疫记忆细胞，这使得免疫系统再次遇到该病原体后能够快速反应并消灭抗原，这个过程称为二次免疫应答。二次免疫应答快速、激烈，且无须学习。

4. 免疫学习

免疫学习的过程实际上属于免疫识别过程，免疫学习的结果是对识别特定免疫细胞亲合度的提高，且最优个体以免疫记忆细胞的形式得以保存。免疫记忆细胞拥有更长的生命周期和更高的优先识别权。免疫学习大致可分为两种类型：首次学习和二次学习。首次学习即免疫系统首次尝试识别一种新的抗原，其学习时间较长；二次学习为机体再次遇到同一抗原时，由于免疫记忆细胞的作用，免疫系统对该抗原的应答速度大幅提高，迅速产生抗体去除病原，这是一个增强式学习过程。对应于二次学习，免疫系统不仅可以实现对同一种抗原的识别，还可以对结构类似的抗原进行关联识别 [22, 24]。

5. 免疫记忆

当抗原再次入侵机体时，将产生比初次免疫更强的高亲合度抗体，称为免疫记忆。B 细胞经过扩增分化成浆细胞以外，还能分化成生命期较长的记忆细胞。记忆细胞通过血液、淋巴和组织液循环，可能不产生抗体，不直接执行效应功能。但是，在再次遇到相同抗原后，这些记忆细胞将迅速活化、增殖、分化为效应细胞，产生高亲和力抗体，执行高效而持久的免疫功能。目前认为 T 细胞和 B 细胞都与免疫记忆有关，即 T 细胞和 B 细胞都有免疫记忆细胞。

6. 免疫反馈

在免疫反馈过程中，T 细胞又进一步细分为抑制性 T 细胞 (TS) 和辅助性 T 细胞 (TH)，当抗原被抗原提呈细胞消化后，抗原提呈细胞将关于抗原的信息传递给辅助性 T 细胞，辅助性 T 细胞刺激 B 细胞大量克隆增殖，分泌出抗体识别抗原。同时辅助性 T 细胞促进杀伤性 T 细胞的数量增加，杀伤性 T 细胞袭击抗原，两个进程同时对外部物质做出应答。当 B 细胞和杀伤性 T 细胞数目达到一定程度时，抑制性 T 细胞会分泌一种白细胞介素，对 B 细胞的克隆增殖和杀伤性 T 细胞数目进行抑制，使反应趋于平稳 [26]。

6.2.3 生物免疫系统特征

免疫系统是长期进化的产物，是一个高度复杂的系统，它具有分布性、自适应性、多样性、学习记忆性、鲁棒性、自我识别性、自组织性和层次性等特性。可借鉴免疫系统的特性用于算法设计，下面简单介绍免疫系统的主要特征。

1. 分布性

生物免疫系统是一种高度分布式的系统，由分布在机体各个部分的细胞、组织和器官等组成。这些免疫细胞通过一定的网络结构来实现各种免疫功能。分布性进一步强化了其自适应特性，它对系统健壮性有重要的作用，系统不会因为局部组织结构的损坏而导致系统整体功能的崩溃；由于工作负载分布在不同的局部单元上，系统的工作效率得到了极大的提高 [25]。

2. 自适应性

人体内存在一百多种抗体细胞,而自然界中已知存在的抗原则有千种之多。因此,免疫系统对进入生物体内的抗原具有不可预知性。但是,免疫系统会通过免疫细胞的克隆和变异作用,不断产生新的抗体,最终生成匹配的抗体来识别并消灭抗原。因此,免疫系统对外界环境具有自适应性 [24, 26]。

3. 多样性

多样性主要包括抗体的组合方式、体细胞克隆选择、高频变异及基因突变等。免疫细胞基因片段的随机选择保证了受体的多样性,从而可以对那些未知的抗原进行绑定。多样性是免疫系统的基本特性,并直接影响其他特性的形成。

4. 学习记忆性

生物免疫系统具有两种类型的免疫应答:首次免疫应答和二次免疫应答。当抗原第一次侵入生物体内时会引发首次免疫应答,使免疫系统产生抗体来消灭抗原。在这个过程中,有些淋巴细胞 (免疫细胞的一种) 会通过学习抗原分化为记忆细胞。当同一抗原再次入侵时,二次免疫系统应答被触发,免疫系统在记忆细胞的帮助下能够在很短的时间内产生大量的抗体,在抗原造成更大的破坏 (相对第一次入侵)之前将其清除掉 [24]。

5. 鲁棒性

鲁棒性是免疫系统具有分布性、多样性、学习记忆性的结果,是系统整体性能的综合体现。免疫系统具有多样性,从而使得系统具有较强的适应能力,以及较高的稳定性。系统的分布性使得各个免疫器官能够相互作用以保护整体系统,由于没有中心控制从而避免了单点失效,任何免疫细胞的单独失效对系统产生的影响都被降低到一个较低的水平,不足以产生严重的后果。免疫细胞的动态性导致系统在宏观上永远处于一个动态的平衡状态中,这种动态性使得系统能够自适应环境的变化,从一个平衡状态过渡到另一个平衡状态 [22, 25]。

6. 自我识别性

生物免疫系统具有辨识“自我”和“非自我”的特殊识别能力。对于“非自我”的抗原,免疫系统能够通过启动免疫应答来排除异己;而对于“自我”的细胞或大分子蛋白质,免疫系统能够保持免疫无应答,也就是免疫耐受,它能维护生物内环境的稳定 [24]。

7. 自组织性

当系统的平衡状态被打破时,由于免疫系统的内部具有自组织的功能,可以实现系统从一种状态过渡到另一种状态。这种自组织特性能使免疫系统不需要外界管理和维护,通过更替被损伤细胞的办法来修补自己以消除抗原 [22, 25]。

8. 层次性

免疫系统的组织结构本质上是分层的,由若干层防御系统组成。第一层防线主要包括皮肤和黏膜;第二层防线是固有免疫系统,由分布在五脏六腑、血液和体液中的细胞组成,如巨噬细胞、吞噬细胞等;第三层防线是自适应免疫系统,由免疫细胞组成。

第一层防线和第二层防线的免疫作用具有广泛性,对多种病原体都能起到抵抗作用,称为非特异性免疫。在人体抗击病原体入侵的过程中,首先是这种非特异性免疫发挥作用,然后是体内的自适应免疫系统发挥作用 [27]。

以上特征表明生物免疫系统是一个性能优良的信息处理系统,通过分析和学习进入体内的各种复杂多变的抗原,可产生抗体来消灭入侵抗原。免疫系统的这些功能特征对于设计预警系统具有一定的启示和参考。

6.2.4　水质预警免疫模型

传统的水质数据检测方法是建立一系列水质检测指标,并采用基于统计的模型方法对水质异常进行检测。然而,这类方法忽略了各个指标之间的相关性,而水质的正常状态往往是多个指标互相共同影响的结果。因此,可将生物免疫系统的相关原理与机制应用于水质预警,从而提高预警的准确性。

1. 系统比较

生物免疫系统与水质预警系统具有很强的相似性,两者都需要在不断变化的环境中维持整体的稳定性。这两个系统之间的相似性体现在以下方面。

(1) 目的。免疫系统的目的是维持机体生理平衡和稳定,水质预警的目的是保护水质预警、维护水体稳定。

(2) 任务。免疫系统的主要任务是识别和清除抗原异物、异常突变细胞、衰老残损的组织、细胞等。水质预警的任务是及时准确地识别、监测水质的异常变化,并采取适当的响应措施。

(3) 环境。免疫系统处于一个充斥着形形色色新旧病毒、细菌、真菌和寄生虫等病原体的生物世界中。水体系统也是一个弥漫着各种已知或未知风险的环境。

为了更好地借鉴免疫系统的特征设计水质安全预警系统,表 6.1 列出了生物机体和水体系统间相关对应的概念。从表中可以看到,在水质周围环境设置各种检查手段,从而对水质可能的变化进行预警是保持水质安全的重要手段。此外,通过法律、法规保证依法用水也是保障水质安全的一个重要手段。

表 6.1　生物免疫系统与水质预警系统映射表

生物机体	水体系统
生物免疫系统	水质预警系统
抗原	对水体有害的物质或相关操作
自身细胞	对水体无害的物质或相关操作
B 细胞、T 细胞等抗体	成熟检测器
记忆免疫细胞	记忆检测器
免疫耐受过程	否定选择算法
抗体与抗原结合	成熟检测器与异常特征数据匹配
抗原清除或免疫应答	预警响应
胸腺或骨髓	成熟检测器生成算法
淋巴细胞克隆	克隆选择算法
双层免疫预警结构	
第一层生命体天然防线 (皮肤、黏膜、细胞)	第一层法律法规等预防手段
第二层特异性免疫（又分为已知和未知两层）	第二层免疫预警（又分为已知和未知两层）

视觉驱动的水质预警免疫模型主要包括水质数据采集、水质数据检测分析和水质预警三个功能模块，如图 6.2 所示。其中，水质数据采集、水质数据检测分析是整个系统的核心模块。

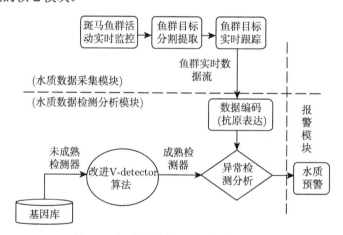

图 6.2　视觉驱动的水质预警免疫模型

2. 水质数据的实时采集

尽管存在诸多影响水质变化的因素，水中生物的行为仍然能够间接反映水质的变化。根据这一原理，设计了如图 6.3 所示的水质预警免疫模型。

对于水质数据采集模块，需要确定选取哪种生物作为指示器。斑马鱼作为一种重要的模式生物已被广泛地应用于环境监测领域，是国际标准化组织认可的鱼类实验动物。它具有耐寒性和耐热性、易于驯养、繁殖力强、游动灵敏、耐活等优点，是理想的实验材料 [28-30]。因此，本模型选取斑马鱼作为水质异常检测的指示生物。

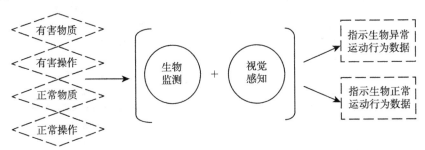

图 6.3   水质预警免疫模型

斑马鱼的速度、加速度、数量和体色等行为生理特征与水体质量有着密切的联系（表 6.2），这些特征的变化将直接或间接地反映水体状态的变化。因此，本模型将这些特征作为水质检测指标，对它们进行评价分析。

表 6.2   斑马鱼的运动行为特征

行为特征	描述
平面运动速度	反映斑马鱼的运动活性强弱
平面运动加速度	反映斑马鱼的运动活性强弱
垂直运动速度	反映斑马鱼的运动活性强弱
垂直运动加速度	反映斑马鱼的运动活性强弱
体色	反映斑马鱼的生理是否正常
分布区域	反映斑马鱼的生理是否正常
碰壁行为	反映斑马鱼的生理是否正常
浮头行为	反映斑马鱼的生理是否正常
身体弯曲程度	反映斑马鱼的生理是否正常
数量 (N)	数量减少表明出现死亡现象

在选定斑马鱼作为指示生物后，就需要进一步确定如何获取其行为参数。斑马鱼行为参数的获取方法从最初的机械记录，发展到目前常用的电极、电磁感应等，其自动化水平和检测效率得到进一步的提高。然而，这些方法设计复杂、成本昂贵，且未能充分利用指示生物的行为特征模式与微空间分布特征。因此，可采用视觉方式来自动感知斑马鱼行为参数。基于视觉的行为参数获取方法设计简单、成本低廉，能快速有效地获取指示生物的相关运动行为特征。

3. 水质数据检测分析

设计的水质数据检测分析流程如图 6.4 所示。水质数据检测分析模块将采集后的生理行为特征数据进行预处理，即对这些特征进行编码。编码后的数据与自我集进行匹配, 匹配成功 (表示该数据是正常数据) 就不做处理, 否则与非自我集进行匹配。当与非自我集中的记忆检测元匹配数量达到阈值 (此匹配阈值较低, 相当于二次免疫) 时报警, 主要步骤如下。

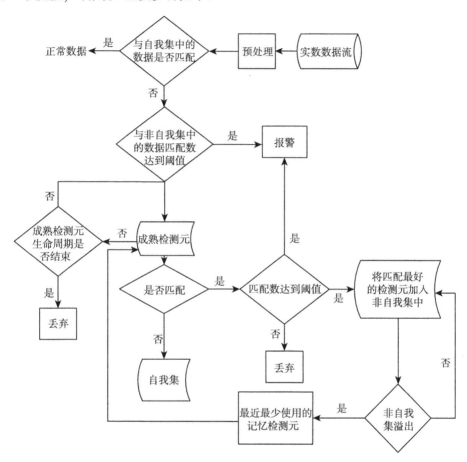

图 6.4　水质数据检测分析流程

(1) 若该报警被人工确认, 则将增加该记忆检测器的时间属性。

(2) 否则, 认为是误报警, 将减少该记忆检测元的时间属性[31]。

若未达到阈值, 则将该数据与成熟检测器集中的检测器进行匹配。匹配次数达到阈值 (此阈值较大, 相当于初次免疫), 说明该数据为异常数据, 应该发出报警信号。报警后的步骤如下。

(1) 若该报警被人工确认, 则将该成熟检测器的时间属性增大, 同时将匹配次数值最大的成熟检测器变为记忆检测器, 加入非自我集中。

(2) 否则, 认为是误报警, 将该成熟检测元的时间属性减小[31]。

如果匹配次数没有达到阈值,说明它是正常数据,将数据加入自我集。

为了更好地厘清检测流程中有关功能模块与免疫系统之间的关系,下面将就其中重要的概念进行详细的描述。

1) 抗原、抗体、检测器集合

将抗原定义为斑马鱼异常运动行为特征数据,抗体定义为由模型产生的用于识别抗原的成熟检测器。由成熟检测器组成的集合即检测器集合,用于存储抗体。

2) 自我集、非自我集

在生物免疫系统中自我对应于那些机体自身的组织,而非自我对应于外来的有害病原或者体内病变组织。在水质预警免疫模型中,将自我集定义为已知的对水体无害的物质或相关操作。为了便于量化与计算,将其定义为经过编码后的斑马鱼正常运动行为特征数据,该数据集合通过大量日常实验形成。将非自我集定义为已知的对水体有害的物质或相关操作,并进一步定义为经过编码后的斑马鱼有害运动行为特征数据。该数据集合初始时为空,通过后期免疫学习即记忆检测器的逐步加入而形成。

非自我集中的记忆检测器不是一成不变的,一些存在时间较长的有害数据可能已经不再影响现有系统,故需将非自我集控制在一定范围内。当集合中的数据超过设定范围时,采用"最久最少未使用原则",把那些存在时间最久的、平时最少使用的记忆检测器降级为一般的成熟检测器,从而对非自我集进行更新。当外来抗原入侵系统时,由于记忆检测器是保存下来的优秀抗体,已经具备识别经验,故其匹配阈值要远小于成熟检测器。记忆检测器演化的目的是达到对已知非自我空间最大覆盖率与自我集最小重叠率之间的平衡[31]。

3) 数据编码

在对水质数据进行分析之前,需要对水质数据进行预处理,即编码。在人工免疫系统中,常见的有二进制编码、实数编码和灰度编码等编码方式。人工免疫系统通常采用二进制字符串表示自我模式和非自我模式,并以部分匹配或完全匹配准则进行检测。然而,在水质预警免疫模型中,采集的特征指标主要是数字的形式,因此各指标的表征需要突出量的特征。由于实数编码具有实现容易、操作简单等特点,可采用实数编码方式对各个检测指标进行编码。因此,将自我集、非自我集、检测器集中的特征数据定义为个体,每个个体包含一系列属性值,用向量表示为 $x = \{x_1, x_2, \cdots, x_n\}$,每一向量分别代表斑马鱼的相关运动行为特征。

4) 亲和力计算

在免疫系统中,抗体与抗原之间的识别主要是通过匹配来实现的,即基于抗原和抗体之间结构的相似性,常见的抗原和抗体之间亲和度的计算方法包括抗体抗原之间的距离、匹配度等。这里采用实数编码方式,因此采用欧几里得距离作为匹

配规则。欧几里得距离公式如下:

$$D(x,y) = \sqrt{\sum (x_i - y_i)^2} \tag{6-1}$$

其中, $x = \{x_1, x_2, \cdots, x_n\}$ 和 $y = \{y_1, y_2, \cdots, y_n\}$ 分别表示个体 x、y。

5) 成熟检测器生成模块

由于系统的识别与检测能力与检测集中的成熟检测器数量成正比, 要保证系统的高检测率就需要大量的检测器, 而数量庞大的检测器不但使系统的识别速率大大降低, 而且需要巨大的存储空间, 耗费大量系统资源。检测器生成算法的目的是产生能最大覆盖未知非自我集数据并与自我集具有最小重叠率的检测器 [31]。这里基于否定选择原理, 提出基于改进实值阴性选择算法 V-detector 的水质异常检测方法。

通过改进 V-detector 算法生成的成熟检测器, 具有一个匹配属性即匹配阈值。该值用于记录检测器在一定时间内匹配成功的次数, 一旦该属性值超过匹配阈值, 就引发报警。同时, 将匹配次数较多的检测器转化为记忆检测器加入非自我集中。因为不同的成熟检测器对抗原的敏感程度不同, 所以各个成熟检测器的激活阈值都不同。根据以上原则不难发现, 只有大量结构类似且在短时间内密集发生的数据流才会触发一个免疫响应。

由于系统是处于一个动态变化的外部环境中, 成熟检测器集合中的数据不可能一成不变, 但也不可能无限扩充。庞大的成熟检测器集合不仅对实时检测不利, 那些从来没识别出入侵行为的数据也就成了大量的冗余。因此, 每个成熟检测器还需设计一个时间衰减属性: 在一段时间内该检测器若没有与外来抗原产生匹配, 该属性值就会衰减; 当属性值变为零时, 该检测器就自动死亡。

6.3　基于克隆选择原理的目标鱼分割算法

为了自动获取目标鱼的行为参数, 需要首先根据视频数据对其中的目标鱼进行识别和跟踪。与第 3 章介绍的根据计算机视觉的原理识别和跟踪单条鱼及鱼群的算法不同, 本节根据免疫的克隆选择原理实现对目标鱼的识别与跟踪。

6.3.1　克隆选择原理

克隆选择原理是免疫学的基本理论之一 [1]。它解释了抗体的形成机理, 阐明了免疫应答的多样性机制。根据克隆选择原理, 可以设计目标鱼的分隔算法。

克隆选择原理的主要内容是: 当外部细菌、病毒等抗原侵入机体后, B 细胞将对这些抗原进行识别, 识别后的 B 细胞将克隆扩增分化为浆细胞, 最终产生一种蛋白质分子即抗体细胞。在细胞克隆的过程中, 抗体细胞还经历了一个变异的过程，其结果是产生对抗原具有特异性的抗体[32, 33]。克隆选择的主要特征[34]是克隆选择对应着一个亲和力成熟的过程，即对抗原亲和力较低的抗体在克隆选择机制的作用下，经历克隆和变异操作后，其亲和力逐步提高而"成熟"的过程。

根据以上原理，可以设计如图 6.5 所示的克隆选择算法流程，其计算步骤[35]如下。

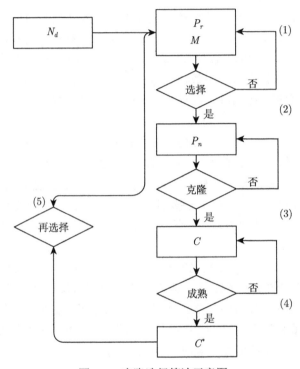

图 6.5　克隆选择算法示意图

(1) 生成候选方案的一个集合 (P)，它是记忆细胞 (M) 的子集加上剩余群体 (P_r) 的和，即 $P = P_r + M$。

(2) 选择 n 个具有较高亲和力的抗体。

(3) 克隆这 n 个最好的抗体，组成一个临时的克隆群体 (C)。与抗原亲和力越高，抗体在克隆时的规模也就越大。

(4) 把克隆群体提交到高频变异操作，根据亲和力的大小决定变异，产生一个成熟的抗体群体 (C^*)。

(5) 对 C^* 进行再选择，组成记忆细胞集合 M。P 中的一些成员可以被 C^* 中的其他一些改进的成员替换掉。

(6) 生成 d 个新的抗体来取代 P 中 d 个低亲和力的抗体。

6.3.2　基于克隆选择的图像分割算法

生物运动图像中运动生物的灰度值与背景的灰度值具有一定的差异，故可通过阈值法对其进行分割。基于阈值的图像分割方法本质上就是要寻找一个最优阈值，即全局最优解，来实现图像的有效分割，因此可将克隆选择算法应用到鱼群运动图像序列的分割中。

下面采用二维最大熵图像分割方法来对斑马鱼鱼群运动图像进行预处理。首先，对图像中的像素灰度及其邻近像素的灰度均值进行分割，找出二维最大熵值为最大的阈值对。在图像分割中采用了克隆选择算法，因此抗原与抗体的定义非常重要。其次，将抗原定义为使图像二维最大熵值为最大的阈值对，而抗体就是相应的阈值对编码。最后，将图像二维最大熵的计算公式作为亲和力函数，找出使亲和力值最高的抗体，即最优的分割阈值对。算法流程如图 6.6 所示，具体步骤如下。

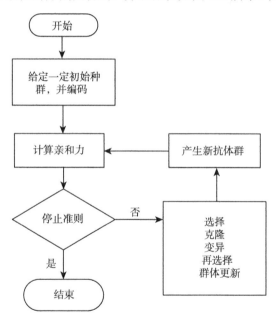

图 6.6　基于克隆选择的图像分割算法流程图

(1) 随机产生一定数量阈值对的二进制编码，形成初始抗体群。

(2) 用亲和力公式计算抗体群中每个抗体的亲和力值，并排序。

(3) 对抗体群进行选择、克隆、变异和更新等一系列操作，产生下一代抗体群。

(4) 重复步骤 (2)、步骤 (3) 直到满足迭代停止条件。

为了更明确算法中关键步骤的计算过程，下面对抗体编码、亲和力计算、抗体选择、抗体克隆、抗体变异和抗体更新等进行进一步说明。

1. 抗体编码

在 L 级灰度图像的二维最大熵阈值分割中，图像内容用像素灰度值及其相邻区域像素灰度均值的二元形式 $(f(x,y), g(x,y))$ 来表示，$0 \leqslant f(x,y) \leqslant L-1$，$0 \leqslant g(x,y) \leqslant L-1$。其中，$f(x,y)$ 表示像素灰度值，$g(x,y)$ 表示其相邻区域像素灰度均值。

用 (s,t) 表示一个分割阈值对，其中存在某一个 (s',t') 为图像的最优分割阈值对 [20]。对于 256 级图像，对 (s,t) 进行二进制编码需 16 位，其中，s 编码在高 8 位，t 编码在低 8 位。

2. 亲和力计算

在人工免疫系统中，亲和力值最高的抗体对应成熟检测器。与此类似，在二维最大熵图像分割中，最优分割阈值对就是使图像二维熵达到最大的阈值对 [36]。因此，可用二维最大熵计算式 [20] 作为衡量亲和力的公式。二维最大熵分割法利用图像中各像素点的灰度值及其区域灰度均值为依据来选取最佳阈值，其设计原理是采用二维最大熵来度量像素及其区域中像素之间的信息相关性。因此，当空间相关信息量最大时，认为该阈值为最佳阈值。具体计算步骤如下。

(1) 计算每一个像素的联合概率 $p_{i,j}$：

$$p_{i,j} = \frac{f_{i,j}}{N \times N}, \quad i = 0,1,\cdots,255, j = 0,1,\cdots,255 \tag{6-2}$$

其中，$f_{i,j}$ 为像素灰度值为 i、其区域像素灰度均值为 j 的像素个数；$N \times N$ 为图像的总像素数。

(2) 给定一对初始阈值 (s,t)，将图像分为 C_1 和 C_2 两类。

(3) 分别计算这两个类的平均相对二维熵：

$$E_1 = -\sum_{i=0}^{s-1}\sum_{j=0}^{t-1} \frac{p_{i,j}}{P_1} \log_2 \frac{p_{i,j}}{P_1} \tag{6-3}$$

$$E_2 = -\sum_{i=s}^{L-1}\sum_{j=t}^{L-1} \frac{p_{i,j}}{1-P_1} \log_2 \frac{p_{i,j}}{1-P_1} \tag{6-4}$$

其中，$P_1 = \sum_{i=0}^{s-1}\sum_{j=0}^{t-1} p_{i,j}$；$L$ 为图像灰度级数。

(4) 选择最佳的阈值 (s',t')，使得图像按照该阈值分为 C_1 和 C_2 两类后满足

$$(E_1 + E_2)(s',t') = \text{Max}\{E_1 + E_2\} \tag{6-5}$$

3. 抗体选择

为了产生优秀抗体, 从而规范变异方向, 使抗体向着亲和力值更高的方向变异, 需对抗体进行选择。亲和力值越高, 选择概率也越大。但是, 当群体中的某种个体的数量占据了相当规模, 而此抗体又不是最优抗体时, 抗体容易过早收敛。因此, 要对某些达到一定规模的抗体进行抑制, 同时增加小规模抗体的产生, 以提高多样性。可在传统适应度比例选择机制的基础上, 增加基于浓度的调节概率因子 [16]。

生物免疫浓度调节机制是基于抗体浓度进行的, 抗体浓度越大, 被选中的概率就越小。抗体 i 的浓度 C_i 定义为

$$C_i = \frac{\sum (i > \lambda)}{N} \tag{6-6}$$

其中, $\sum (i > \lambda)$ 表示与抗体 i 的亲和力值大于 λ 的抗体数, λ 为亲和力阈值; N 为抗体总数。

计算出每个抗体的浓度之后, 便可通过选择机制进行抗体的促进和抑制调节。因此, 抗体 i 的选择概率 p_i 由亲和力概率 p_f 和浓度概率 p_d 两部分组成, 即

$$p_i = p_f \cdot p_d = \frac{f_i}{\sum_{i=0}^{N} f_i} \cdot \frac{1}{\alpha} \mathrm{e}^{-\beta \cdot C_i} \tag{6-7}$$

其中, α 和 β 为常数, 均取为 1; f_i 为抗体 i 的亲和度值。

4. 抗体克隆

为避免优秀抗体丢失, 增加优秀抗体数量, 提高全局收敛效率, 需对抗体进行适当的克隆。亲和力值越高的抗体, 克隆数量越多。但是, 当相似抗体数量较多时, 如果再继续克隆, 就会导致抗体群过于相似, 抗体过早收敛。因此, 增加一个相似抗体浓度因子, 使得对于相似抗体浓度越大的抗体, 其克隆数量越少。其中, 相似抗体是抗体之间的亲和度值小于某一阈值的抗体。

抗体 i 的相似抗体浓度为

$$m_i = \frac{N_\mathrm{s}}{N} \tag{6-8}$$

其中, N 为抗体总数; N_s 为相似抗体个数。

抗体 i 的克隆个数为

$$n_i = \mathrm{Int}\left(N \cdot \frac{f_i}{\sum_{j=1}^{N} f_i} \cdot \frac{1}{\alpha} \mathrm{e}^{-\beta \cdot m_i} \right), \quad i = 1, 2, \cdots, N \tag{6-9}$$

其中，f_i 为抗体 i 的亲和力值；α 和 β 为常数，取值均为 1；N 为抗体总数；Int 表示取整操作。

5. 抗体变异

为了获得抗体的多样性以使抗体快速成熟，需对抗体进行适当的变异。抗体的变异不仅有利于快速搜索，还能使抗体跳出局部最优，得到全局最优。为了使抗体朝着亲和力值高的方向进行变异，亲和力值高的抗体，变异应该小一些甚至被抑制，而亲和力值低的抗体，相应的变异就应该大一些。

因此，可计算每个抗体的亲和力，并按亲和力的大小对抗体进行排序。对抗体变异，每次仅变异一位，即对该位进行取反。对于亲和力值高的抗体，相应变异的位所处的位置就越低；对于亲和力值低的抗体，相应变异的位所处的位置就越高。这样虽然每次仅变异一位，但是对低位进行变异，抗体变化小；而对高位进行变异，抗体变化大，能达到变异目的。

6. 抗体更新

为了保持抗体多样性，防止抗体过早收敛，应对抗体群进行更新。该操作将抗体群中亲和力值较低的部分抗体用随机产生的等量新抗体取代。

7. 鱼目标跟踪

对斑马鱼鱼群视频序列进行目标分割后，便需要提取鱼群目标。定义鱼群目标为那些距离小于一定阈值且运动方向大体一致的鱼个体。具体提取步骤如下。

(1) 提取分割后斑马鱼个体的重心。

(2) 按距离将斑马鱼鱼群划分成若干个点群目标。

(3) 对点群目标进行选择，将数量最多的点群目标选择为主群。

(4) 对主群中斑马鱼个体的坐标求均值，将其作为斑马鱼鱼群坐标。

(5) 根据斑马鱼鱼群坐标绘制鱼群运动轨迹，为进一步提取鱼群运动速度和加速度等行为生理特征提供基础。

6.3.3　分割实验与结果分析

为了验证以上算法的有效性和可行性，以斑马鱼鱼群运动视频图像为例进行仿真实验。设种群大小为 30，最大迭代数为 10 代，以最大迭代数作为迭代停止条件。

为了比较算法的性能，分别采用基于克隆选择原理的鱼目标分隔算法、一维最大熵法和普通二维最大熵法对图像进行分割。表 6.3 列出了前三种算法对该图像进行分割得到的最优阈值和所花费的时间。结果显示，基于克隆选择原理的鱼目标分隔算法和普通二维最大熵法比一维最大熵法具有更强的分割能力，且基于克隆选择原理的鱼目标分隔算法和二维最大熵法所得出的最优阈值对完全一致, 故验证了基于克隆选择原理的鱼目标分隔方法的正确性。此外, 基于克隆选择原理的鱼目标分隔算法搜索得到的最优阈值对的时间大约只有普通二维最大熵法的 1.3%, 分割速度有了极大的提高。

表 6.3　三种算法的分割结果与时间比较

算法	最优阈值	时间/s
一维最大熵法	(136)	0.2
普通二维最大熵法	(160,146)	56
本章算法	(160,146)	0.7

下面将免疫分割算法与一维最大熵法和遗传算法的分隔结果进行比较, 可以发现基于免疫原理的分隔方法也能获得较好的分隔效果。其中图 6.7(a) 为原始图像, 图 6.7(b) 为一维最大熵算法效果图, 图 6.7(c) 为遗传算法效果图, 图 6.7(d) 为免疫分隔算法效果图。

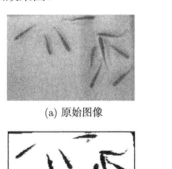

(a) 原始图像

(b) 一维最大熵算法

(c) 遗传算法

(d) 免疫分隔算法

图 6.7　图像分割效果比较

通过比较图 6.7(d)、图 6.7(b)、图 6.7(c) 的分隔结果可知, 图 6.7(b) 未能分割鱼的阴影部分导致多条鱼相连且噪声较多, 未能取得有效的分割效果; 图 6.7(c) 虽然分割掉了鱼的阴影部分, 但是仍存在一些噪声使个别鱼相连, 得到的效果并不令人满意; 而图 6.7(d) 不仅分割掉了阴影部分还进一步去除了噪声, 得到了良好的分割效果。

图 6.8 为斑马鱼鱼群跟踪识别效果图, 其中左边列为原始视频帧, 中间列为本章方法分割后的鱼群目标, 右边列为提取的点群目标和鱼群中心坐标。从图中可以看出, 本章方法较好地实现了斑马鱼鱼群的跟踪定位。

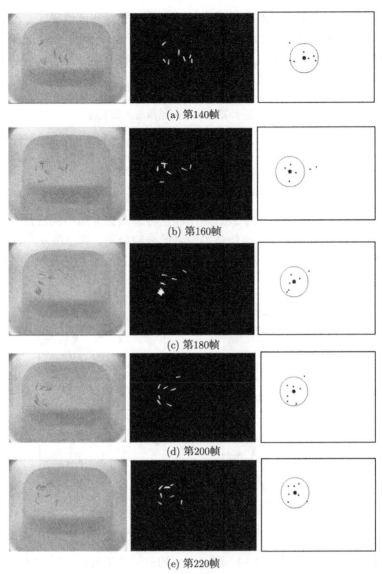

(a) 第140帧

(b) 第160帧

(c) 第180帧

(d) 第200帧

(e) 第220帧

图 6.8 斑马鱼鱼群跟踪识别效果图

6.4 基于否定选择原理的水质监测方法

水质数据的检测与分析是本模型的关键内容之一,是对水质进行预警的判别依据。否定选择(V-detector)算法是 Forrest 根据免疫系统识别自我和非自我的免疫耐受过程提出的,目前已大量应用于网络安全、病毒分析、故障诊断和异常检测等领域[37-39]。在 Zhou 等提出的 V-detector 算法[40] 基础上，借鉴生物免疫系统的否定选择原理，利用正常样本数据和有害样本数据，可设计出大量成熟检测器用于异常水质检测。否定选择的检测流程如图 6.9 所示。

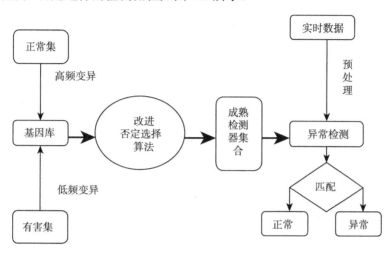

图 6.9　否定选择检测流程图

斑马鱼的速度、加速度等行为生理特征与水体质量有着密切的联系，这些特征的突变直接或间接地反映了水体状态的变化。因此，将这些特征作为水质检测指标，对它们进行评价分析，建立基于速度、加速度等的多维属性问题空间，几何上表示为一个多维超球体。

此外，将归一化后的个体定义为

$$x = \{(x_1, x_2, \cdots, x_n), r\}, \quad x_i \in [0, 1] \tag{6-10}$$

个体在几何上表示坐标为 $(x_1, x_2, \cdots, x_n)$、半径为 r 的超球体。用 U 表示所有个体的集合。N 表示所有属于非自我个体的集合，即斑马鱼异常特征数据，简称非自我集。S 表示所有属于自我个体的集合，即斑马鱼正常特征数据，简称自我集。显然公式 $U = N \cup S$ 成立，通过否定选择算法生成可以检测出非自我个体的集合，称为检测器集，采用可变大小半径来表示其个体的检测范围。

6.4.1　构建基因库

对自我集进行高频变异产生大量的新型数据，这些数据大部分是自我集和非自我集中不包含的。同时，对非自我集数据进行低频变异，保留原来非自我集的数据特征，这样就可以很好地识别出已知的非自我个体的变异体。通过这种机制产生的初始检测器更具有针对性，避免了随机产生初始检测器的盲目性。

1. 低频变异

从非自我集中读取数据并将其转化为二进制数据，通过低频变异算法产生大量新的数据，再将其转化为实数加入基因库。低频变异主要包括位变异、交叉变异等。位变异就是对数据的关键位进行变异，其变异原理如图 6.10 所示[41]。

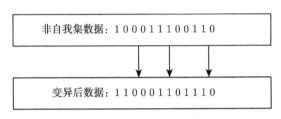

图 6.10　位变异示意图

交叉变异是指两个 (或多个) 数据通过交叉互换自己的数据片段而达到变异目的，其变异原理如图 6.11 所示。

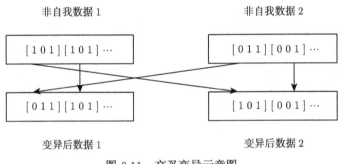

图 6.11　交叉变异示意图

2. 高频变异

从自我集中读取数据并将其转化为二进制数据，通过高频变异算法产生大量新的数据，再将其转化为实数加入基因库。高频变异算法是将选出的每个数据按照一定的规则打碎成多个数据片段，随机抽取一定的数据片段组合成新的数据作为初始检测器，其变异原理如图 6.12 所示。

针对变异计算，可做如下改进。变异时仍用二进制表示个体，对个体变异，每次仅变异一位，即对该位进行取反。对属于自我集的个体，相应变异的位所处位置就越高；对属于非自我集的个体，相应变异的位所处位置就越低。这样虽然每次仅变异一位，但对低位进行变异，个体变化小，而对高位进行变异，个体变化大，因此能达到变异目的，且实现简单、容易计算，其变异原理如图 6.13 所示。

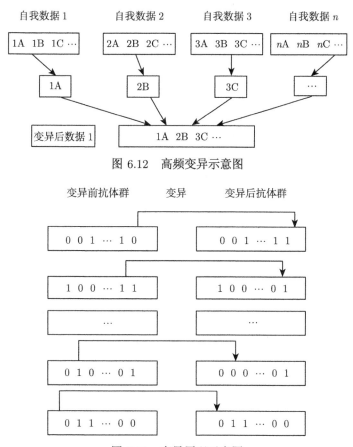

图 6.12　高频变异示意图

图 6.13　变异原理示意图

6.4.2　计算重叠率

为克服否定选择算法随机产生检测器分布相对集中，易致其中心点落于已存在检测器检测范围之内，达到期望覆盖而导致算法过早收敛的问题，可采用期望覆盖与重叠率计算 $W^{[42]}$ 相结合的方式来判断检测器集合是否成熟。重叠率计算公式如下：

$$W(d) = \sum_{d \neq d'} w(d, d') \tag{6-11}$$

$$w(d, d') = (\exp(\delta) - 1)^m \tag{6-12}$$

$$\delta = \frac{r_d + r'_d - D}{2r_d} \tag{6-13}$$

其中，$w(d, d')$ 表示检测器 d、d' 之间的重叠值；m 为问题空间维数；$\delta \in (0, 1)$。

当重叠率达到阈值 (ξ) 时，检测器集合成熟，算法结束。

6.4.3 算法实现与实验结果

根据以上分析，得到的算法步骤如下。

(1) 初始化成熟检测器集合 D，令 $D = \varnothing$。

(2) $t = 0$。

(3) $T = 0$。

(4) 从基因库提取个体 x，并初始化个体 x 的半径：$r = +\infty$。

(5) 对每个检测器集合 D 中的检测器 d_i，计算 d_i 与 x 的距离 d。

(6) 判断检测器 d_i 的半径 r_d 是否小于距离 d，若 r_d 小于 d 则进入步骤 (8)；若 r_d 大于 d，则令 t 加 1。接着判断 t 是否大于 $\dfrac{1}{1-c_0}$，若 t 小于 $\dfrac{1}{1-c_0}$ 则返回步骤 (2)，否则转到步骤 (7)。

(7) 计算检测器集合 D 的重叠率，若重叠率大于阈值，则算法结束，正常退出，否则返回步骤 (3)。

(8) i 加 1，当 i 等于现有检测器集合 D 中的检测器数量时，进入步骤 (9)；否则返回步骤 (6)，计算 x 与下一个检测器个体的距离。

(9) 对自我集 S 中的个体 s_i，计算 s_i 与 x 的距离 d；若 $d - r$ 大于 s_i 的半径 r_s，则转到步骤 (10)；否则重新计算 x 的半径：$r = d - r_s$，使得检测器 x 不与自我集相交。

(10) i 加 1，当 i 的个数达到自我集的个数时，进入步骤 (11)；否则返回步骤 (9)，计算个体 x 与下一个自我集个体的距离。

(11) 比较 r 与零，若 r 小于零，则 T 减 1，并接着判断 T 是否大于阈值，若 T 大于阈值则算法异常退出；若 r 大于等于零，则进入步骤 (12)。

(12) 将 x 加入检测器集合 D 中，并判断检测器集合 D 中现有的检测器个数是否达到检测器的最大个数阈值，若达到则算法正常退出，否则返回步骤 (4)。

为验证以上算法的有效性与可行性，可利用视觉感知技术采集斑马鱼的生理活性数据（主要包括速度、加速度等）进行水质异常检测。将正常水质下斑马鱼的活性数据作为自我集，采用本节设计的方法对这些数据进行训练以产生检测器集合，利用该检测器集合对一系列检测数据（包括异常水质下的斑马鱼活性数据）进行实时异常分析。实验结果如表 6.4、图 6.14(a) 和图 6.14(b) 所示。

实验中，检测率 D 和误检率 F 分别定义为

$$D = \frac{\text{TP}}{\text{TP} + \text{FN}} \tag{6-14}$$

$$F = \frac{\text{FP}}{\text{TN} + \text{FP}} \tag{6-15}$$

其中，TP、FN、FP 和 TN 分别代表事件"非自我样本被判定为非自我""非自我样本被判定为自我""自我样本被判定为非自我"和"自我样本被判定为自我"发生的次数。

对不同自我集个体半径 r_s，分别运行 100 次实验，取均值作为实验结果。

从表 6.4 所示的实验结果可知，在自我集个体半径 $r_s = 0.01$、期望覆盖 $c_0 = 0.999$ 时，无论采用 100% 还是 50% 的自我集数据进行训练，该方法都取得了较高的检测率和较低的误检率，表明该方法能有效地检测出水质异常。同时，所产生的检测器个数保持在较小的范围内，证明了该方法的可行性。

表 6.4　斑马鱼活性数据检测结果

训练数据	r_s	检测率 D/%		误检率 F/%		检测器个数	
		均值	标准差	均值	标准差	均值	标准差
自我集 100%	0.01	94.46	0.02	0	0	37	1.5
自我集 100%	0.05	64.41	0.05	0	0	20	2.09
自我集 50%	0.01	97.59	0.03	3	0.005	19.2	5.2
自我集 50%	0.05	84.68	0.09	1.7	0.001	15	2.9

图 6.14(a) 和图 6.14(b) 为随机抽取的检测结果平面效果图。图中圆圈分别表示自我集个体、非自我集个体和检测器个体。图 6.14(a) 表示训练数据为 100% 自我集的情况，图 6.14(b) 表示训练数据为 50% 自我集的情况。从图中可知，检测器对非自集我个体区域进行了较完整的覆盖，直观上解释了本节方法的有效性。

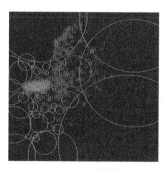 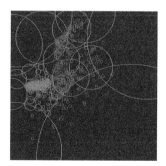

(a) 100% 自我集　　　　　　　　　(b) 50% 自我集

图 6.14　检测结果平面效果图

图 6.15 表示检测率与自我集个体半径 r_s、期望覆盖 c_0 之间的关系。从图中可知，算法检测率随自我集个体半径 r_s 的增加而减少，与 r_s 成反比；而随期望覆盖 c_0 的增加而增加，与 c_0 成正比。因此，适当选取较小的自我集个体半径 r_s 和较大的期望覆盖 c_0 可取得较好的检测结果。

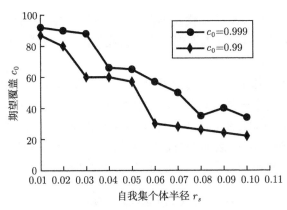

图 6.15   参数曲线图

6.5 小   结

本章借鉴生物免疫系统机理,探索了视觉驱动的水质预警免疫模型。在简单介绍生物免疫系统的原理后,将克隆选择原理应用于图像分割领域。该方法能加速最优阈值寻找,优化搜索过程,从而提高图像分割的速度与精度。借鉴生物免疫系统的相关原理与方法,介绍了基于否定选择原理的异常检测方法,并将其应用于水质异常检测与分析。

需要指出的是,本章的免疫原理依然是利用鱼类的行为异常监测来对水质变化进行检测。人类免疫系统不仅是一个监测系统,还能对异常做出合理的响应。因此,应该借助免疫原理,构建一个多维、多源(如微生物、鱼和遥感图像等)的监测网络,从而更加有效地对水质变化进行监控。

参 考 文 献

[1] Jerne N K. Towards a network theory of the immune system[J]. Annales Dimmunologie, 1974, 125C(1/2): 373-389.

[2] Perelson A S. Immune network theory[J]. Immunological Reviews, 1989, 110(1): 5-36.

[3] Farmer J D, Packard N H, Perelson A S. The immune system, adaptation, and machine learning[J]. Physica D Nonlinear Phenomena, 1986, 22(1/2/3): 187-204.

[4] Bersini H, Varela F J. Hints for Adaptive Problem Solving Gleaned from Immune Networks[M]. Berlin: Springer, 2006.

[5] Ishida Y. Fully distributed diagnosis by PDP learning algorithm: Towards immune network PDP model[C]. IJCNN International Joint Conference on Neural Networks, San Diego, 1990: 777-782.

[6] Timmis J, Knight T. Artificial immune systems: Using the immune system as inspiration for data mining[M]//Abbass H A, Sarker R A, Newton C S. Data Mining: A Heuristic Approach. Padova: Idea Group Publishing, 2002.

[7] Dasgupta D. Immunity-based intrusion detection system: A general framework[J]. Proceedings of the 22nd NISSC, Arlington 1999.

[8] de Castro L N, Von Zuben F J. An evolutionary immune network for data clustering[C]. Proceedings of 6th Brazilian Symposium on Neural Networks, Rio de Janeiro, 2000: 84-89.

[9] Nunes L, José F, Zuben V. Ainet: An artificial immune network for data analysis[M]//Abbass H A. Data Mining: A Heuristic Approach. Hershey: IGI Global, 2001.

[10] Timmis J, Neal M. A Resource Limited Artificial Immune System for Data Analysis[M]. London: Springer, 2001.

[11] Kim J. Immune memory in the dynamic clonal selection algorithm[J]. Immune Memory in the Dynamic Clonal Selection Algorithm, 2004, 5(4): 361-391.

[12] 靳蕃, 谭永东. 神经网络与神经计算机原理应用[M]. 成都: 西南交通大学出版社, 1991.

[13] 曹先彬, 刘克胜, 王煦法. 基于免疫遗传算法的装箱问题求解[J]. 小型微型计算机系统, 2000, 21(4): 361-363.

[14] 刘树林, 张嘉钟, 王日新, 等. 基于免疫系统的旋转机械在线故障诊断[J]. 东北石油大学学报, 2001, 25(4): 69-72.

[15] 梁意文. 网络信息安全的免疫模型[D]. 武汉: 武汉大学, 2002.

[16] 罗文坚, 曹先彬, 王煦法. 用一种免疫遗传算法求解频率分配问题[J]. 电子学报, 2003, 31(6): 915-917.

[17] 行小帅, 潘进, 焦李成. 基于免疫规划的 K-means 聚类算法[J]. 计算机学报, 2003, 26(5): 605-610.

[18] 张跃军, 柴乔林, 赵晋, 等. 一种基于免疫原理的混合式入侵检测模型[J]. 计算机工程与设计, 2006, 27(15): 2824-2827.

[19] 丛琳, 沙宇恒, 焦李成. 基于免疫克隆选择算法的图像分割[J]. 电子与信息学报, 2006, 28(7): 1169-1173.

[20] 汤凌, 郑肇葆, 虞欣. 一种基于人工免疫的图像分割算法[J]. 测绘科技情报, 2006, 32(3): 67-70.

[21] 陈慰峰. 医学免疫学[M]. 北京: 人民卫生出版社, 2000.

[22] 许春. 人工免疫系统及其在计算机病毒检测中的应用[D]. 成都: 四川大学, 2004.

[23] 张凤斌. 基于免疫遗传算法的入侵检测技术研究[D]. 哈尔滨: 哈尔滨工程大学, 2005.

[24] 项荣杰. 基于人工免疫模型的故障诊断方法及系统研究[D]. 杭州: 浙江大学, 2006.

[25] 李建伟. 人工免疫系统研究及其在故障诊断中的应用[D]. 山西: 太原理工大学, 2007.

[26] 仇蕾. 基于免疫机理的流域生态系统健康诊断预警研究[D]. 南京: 河海大学, 2006.

[27] 吴铭峰. 基于人工免疫的城市生态系统预警模型研究[D]. 南京: 河海大学, 2006.

[28] Kass M, Witkin A, Terzopoulos D. Snakes: Active contour models[J]. International Journal of Computer Vision, 1988, 1(4): 321-331.

[29] 胡国成, 甘炼, 吴天送, 等. 硫丹对斑马鱼的毒性效应[J]. 动物学杂志, 2008, 43(4): 1-6.

[30] 潘力军, 高世荣, 孙凤英, 等. 应用大型水蚤和斑马鱼对几种工业废水和生活污水的毒性监测[J]. 环境科学与管理, 2007, 32(2): 180-183.

[31] 杨荣华, 董红斌, 康立山, 等. 人工免疫系统中免疫细胞的分离演化策略[J]. 计算机工程与应用, 2003, 39(36): 58-60.

[32] de Castro L N, Von Zuben F J. The clonal selection algorithm with engineering applications[C]. Workshop on Artificial Immune Systems and Their Applications, Las Vegas, 2000: 36-42.

[33] de Castro L N, Von Zuben F J. Learning and optimization using the clonal selection principle[J]. IEEE Transactions on Evolutionary Computation, 2002, 6(3): 239-251.

[34] 肖人彬, 王磊. 人工免疫系统: 原理、模型、分析及展望[J]. 计算机学报, 2002, 25(12): 1281-1293.

[35] 李涛. 计算机免疫学[M]. 北京: 电子工业出版社, 2004.

[36] Abutaleb A S. Automatic thresholding of gray-level pictures using two-dimensional entropy[J]. Computer Vision Graphics and Image Processing, 1989, 47(1): 22-32.

[37] Dasgupta D, Forrest S. Novelty detection in time series data using ideas from immunology[C]. Proceedings of the 5th International Conference on Intelligent Systems, Reno, 1996: 82-87.

[38] Dasgupta D, Majumdar N S. Anomaly detection in multidimensional data using negative selection algorithm[C]. Proceedings of the World Congress on Computational Intelligence, Honolulu, 2002: 1039-1044.

[39] 刘树林, 黄文虎, 夏松波, 等. 基于免疫机理的往复压缩机气阀故障检测方法[J]. 机械工程学报, 2004, 40(7): 156-160.

[40] Zhou J, Dasgupta D. Real-valued negative selection algorithm with variable-sized detectors[J]. Lecture Notes in Computer Science, 2004, 3102: 287-298.

[41] 程永新, 许家珆, 陈科. 一种新型入侵检测模型及其检测器生成算法[J]. 电子科技大学学报, 2006, 35(2): 235-238.

[42] Gonzalez F, Dasgupta D, Kozma R. Combining negative selection and classification techniques for anomaly detection[J]. Congress on Evolutionary Computation, 2002, 1(11): 705-710.

第7章 水质在线检测预警系统设计与应用

7.1 引　　言

前面各章主要介绍了生物式水质监测涉及的各个关键技术,包括目标鱼的自动分割和跟踪、基于单条鱼或者鱼群行为的水质分类。本章将介绍生物式水质监测系统的设计,在对生物式水质监测系统进行需求分析的基础上,设计基于鱼类行为变化的水质监测系统的硬件架构与软件模块,并基于一个已经部署使用的基于鱼类群体行为的水质监测预警系统平台进行介绍。

整个预警系统主要包括硬件和软件两个系统。硬件系统需要能引进监测水样、饲养观测鱼和报警装置,软件系统主要包括鱼行为数据分析和存储的功能模块。

7.2 系统总体规划

7.2.1 系统运行流程

在基于鱼类行为变化的水质监测系统中,系统监测工作流程如图 7.1 所示。

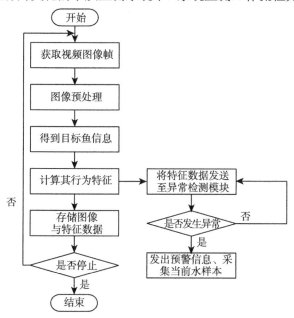

图 7.1　系统监测工作流程图

系统的工作流程如下。

(1) 从图像获取模块中得到一帧图像。

(2) 对所获得的图像进行预处理，并去除噪声。

(3) 通过目标检测获得鱼目标的位置信息，再计算其行为特征。

(4) 系统显示图像和数据，并将当前的图像帧和行为特征数据存储于本地。

(5) 将行为特征发送给异常检测模块。若检测到异常，显示预警信息，发送预警提示短信，并采集当前水样。

(6) 若未检测到异常，则继续采集特征数据。

7.2.2　软件系统主要功能

基于鱼类行为变化的水质监测系统的最终目的是通过对鱼类异常行为的检测，实现水质异常变化的预警和预警后的后续操作。为了便于对检测信息的显示，需实时显示当前视频和特征信息，对视频和特征数据进行存储以便于查看。同时，需要具有检测到异常后的警报、水样采集等功能。因此，软件系统应该包括显示、图像处理、异常行为预警、数据存储和系统设置等主要功能模块，如图 7.2 所示。

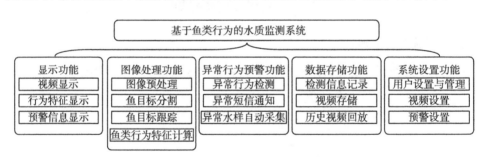

图 7.2　软件系统功能模块

1. 显示功能

显示功能包括视频显示、行为特征显示和预警信息显示。主界面显示系统自动获取摄像头监测到的视频；在主界面"数据显示"栏显示当前计算得到的特征数据；异常发生时系统主界面显示预警信号。

2. 图像处理功能

系统对从摄像头获取的视频帧图像进行处理，包括图像预处理、鱼目标分割、鱼目标跟踪、鱼类行为特征计算等。系统将自动从拍摄得到的视频图片中获取鱼目标轮廓，确定鱼目标，并根据前后帧之间的信息、与其他鱼之间的关系计算鱼的行为特征。

3. 异常行为预警功能

系统根据用户设定自动判断行为是否异常。若系统发现某监测节点中的鱼行为出现异常，则发出警报。警报信息包含异常等级、是否发生死亡、异常发生的时间、持续的时间、具体的异常行为等。预警时系统主界面显示异常信号，短信模块发送包含警报信息的短信，水样采集模块采集异常发生时的水样。

4. 数据存储功能

数据存储实现对系统监测的视频实时存储。系统提供用户界面，用于显示系统数据库中存储的所有视频信息；提供快速查找功能，用户能根据时间快速定位到某个视频段，对系统记录的某个具体的视频以及对应的特征数据进行快速回放与查看，便于后续排查。

5. 系统设置功能

系统设置功能包括用户设置与管理、视频设置和预警设置。用户设置与管理包括预警短信提示用户的设置，用户的增加、删除、改动等；视频设置，包括视频存储路径、视频实际大小等；预警设置包括对预警参数的设定，如异常持续时间、异常行为的阈值等。

7.2.3　系统硬件平台

为了实现上述功能，需要设计在线水质监测设备的系统硬件平台，其架构如图 7.3 所示。在线水质监测设备机柜中集成了水循环装置、实验鱼缸、照明设备、CMOS 摄像头、处理主机、显示器、短信发送装置、水样采集模块。考虑到多点部署，需要预留通信接口，这样可将硬件平台独立安置于各个监测点。

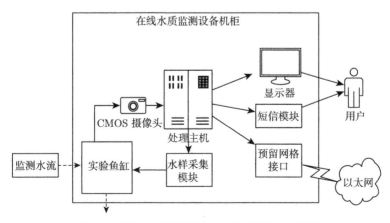

图 7.3　在线水质监测设备机柜系统架构示意图

在图 7.3 所示的在线水质监测设备的系统硬件平台架构中, 虚线箭头表示待检测的水样的流向, 水样本通过水阀进入实验鱼缸再流出; 摄像头获取实验鱼缸中鱼类的活动视频数据, 将数据传入处理主机中进行处理; 处理主机将检测到的数据显示在显示器上, 以便用户观察; 一旦发现监测到的鱼类行为发生变化, 则通过多种方式提醒用户, 并控制水样采集装置收集当前的水样。

实际应用中, 为了实现设备的集成化, 将上述所用到的设备模块封装在一个检测机柜中。在线水质监测设备机柜为自行设计的监测机柜, 如图 7.4 所示。

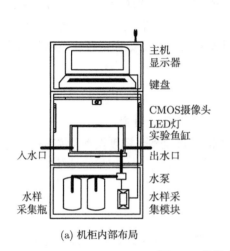

(a) 机柜内部布局

(b) 机柜外部图

图 7.4   在线水质监测设备机柜

机柜长宽高分别为 70cm、50cm、170cm, 分为上中下三层, 层与层之间设有隔热、隔音的挡板; 机柜底下设有轮子。

最上层放置显示器和处理主机。侧面可打开, 正面安放显示器; 显示器安放计算机, 负责软件系统的运行, 并安装短信发送模块。

第二层放置实验设备。主要为 CMOS 摄像头、LED 灯、导光板和实验鱼缸, 以及待检测水样的入水口和出水口。采集数据所用的 CMOS 摄像头放置在实验鱼缸正上方一定高度, 保证摄像头可以覆盖鱼的全部活动范围; 第二层开口为条状推拉式抽屉, 方便实验鱼缸的取放。

第三层放置水样收集瓶与水样采集模块。当接收到报警信号时, 水样采集模块启动小水泵, 将当前水样本采集并存储至采集瓶中, 以便后续进行分析。

7.2.4   系统监测水箱

现有的生物式水质监测方法大多都是基于机器学习的原理, 而大多数装置也只是部分支持利用该原理实现水质监测。为了更好地实现生物式水质在线监测, 本章设计了能应用于在线水质监测的微水环境模拟与控制系统。该系统能模拟多种微水流环境，更易于提取鱼类在水质未发生变化时的各种行为模式。另外，还设计了一种使药物预先均匀混合，以多种导流的方式使药物快速布满整个监测缸的内置导流装置。同时，监测缸系统特别设计的双水循环控制模块，能支持利用机器学习原理来实现水质的实时在线监测。

图 7.5(a) 为实验所用的监测缸装置，它能够实现多模式导流，来模拟不同的微水流环境。图 7.5(b) 为设计的双水循环控制模块，它能实现双水切换，来模拟已知水样和未知水样之间的切换。

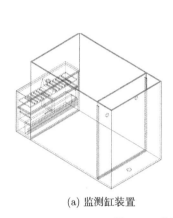
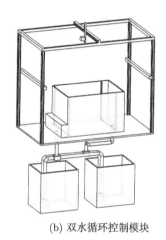

(a) 监测缸装置　　　　　　　　　　(b) 双水循环控制模块

图 7.5　系统平台监测装置设计图

设计的监测缸系统主要解决了两个问题。第一，药物均匀预混合和多模式导流问题。在进水区内安装导流装置，通过设计的分水板，把水注入混合剂盒，预稀释高浓度药物，并通过水流的冲击作用把水从混合剂盒中导出；通过不同形状出水口的导流装置，使具有药物的水以不同的水流方式平缓地流入监测缸内，形成不同的水流环境，避免单一的进水方式对监测缸水环境及生物造成一定的影响，使装置内的水环境更接近生物真实的水体环境。第二，装置应用场景单一问题。左侧的储水箱为正常水质，可以先对正常水质下指示生物的行为进行数据采集和分析；右侧的储水箱为异常水质，可以在右侧储水箱中加入要实验的药物并搅拌均匀，关闭左侧储水箱内的阀门，打开右侧储水箱上的阀门，使药物均匀地流入监测缸，即可实现从正常水质到测试水质的切换。这样，装置可以先对已有水样进行学习，再将控制切换到对未知水样的检测。这种将支持训练与测试过程分开的设计，可以适应因环境与季节变化而导致的模型参数的重新设置，提高监测装置的适用性。图 7.6 为设计的不同系统出水导流装置设计图。

与现有装置和技术相比，该监测缸系统的优点表现在以下方面。

(1) 监测缸系统的出水导流装置能更好地调节出水模式。更换不同的导流装置后，可形成实验所需的水流方式，从而增加生物体水生环境的多样性，以便容易地提取生物体的行为模式。

(2) 系统实现了已知水样和测试水样的控制切换，使得该装置可以满足利用机器学习的原理对水质进行监测的要求，提高了装置的适用性。

(3) 通过分水导流结构，监测缸系统能有效地对水流进行预分流；同时，还能对混合剂盒内的药物进行预混合，稀释高浓度药物。

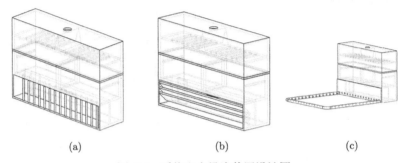

(a)　　　　　　　　　　(b)　　　　　　　　(c)

图 7.6　系统出水导流装置设计图

7.3　系统软件开发

根据系统的功能设计，将整个软件系统分为视频获取模块、视频处理模块、特征计算模块、预警模块、存储记录模块、显示模块和系统设置模块。系统模块结构如图 7.7 所示，各模块功能的具体描述如下。

(1) 视频获取模块：用于打开摄像头或打开.avi 视频文件。

(2) 视频处理模块：对每一帧获取的图片进行去噪、二值化等预处理，从而对目标轮廓进行准确提取，获取当前目标位置等信息用于特征行为的计算、存储。

(3) 特征计算模块：根据获取的目标位置信息，计算相应的速度、加速度和尾频等行为特征。在计算得到的行为特征与水质之间建立语义模型关系。

(4) 存储记录：包括视频的存储和特征数据的存储，主要通过数据库来记录视频和特征数据，便于视频和数据的存储与查找。

(5) 系统设置模块：软件系统启动后，将对鱼的条数、二值阈值分割、视频存储路径等进行设置。

(6) 显示模块：将摄像头的拍摄结果或者视频文件提取的每一帧，以及计算得到的鱼类特征数据显示在主界面上。

(7) 预警模块：对鱼类行为进行判断，当检测到行为异常时，将预警提示信息

显示到主界面, 并通过单片机对当时的水质进行采样, 以对此时的水质做进一步的
分析; 同时, 向用户发送预警短信通知。

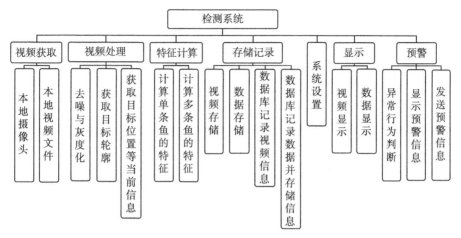

图 7.7　系统模块结构图

7.3.1　系统开发环境

该系统使用 C++ 语言开发, 使用 OpenCV 开发视频图像处理部分, 使用 Qt
开发框架构建交互界面以及其他模块。开发工具为 Visual Studio 2013, 开发环境
为 Windows 10。视频图像处理部分基于视频图像处理库 OpenCV 2.4.11, 交互界
面、串口通信模块基于 Qt 5.5.0, 数据库采用 SQLite, 数据绘制模块基于开源图表
绘制控件 QCustomPlot。

1. OpenCV

OpenCV (open source computer vision library) 是基于 BSD 开源协议发布的
跨平台计算机视觉库, 由一系列的 C 和 C++ 函数构成。它实现了图像处理和计
算机视觉方面的很多通用算法, 并提供了 C++、C、Python、Java 等语言接口, 可
运行于 Windows、Linux、Mac OS、安卓等平台。OpenCV 由 C/C++ 编写, 具有
充分支持多核处理的优势; 在设计时非常注重计算的效率, 其设计目标是执行速度
的高效, 以用于构建实时应用。OpenCV 覆盖了大量的计算机视觉应用领域, 如图
像处理、运动跟踪、物体识别和文字识别等, 开发人员可以利用 OpenCV 库设计
和构建复杂的图像和计算机视觉相关应用程序。

2. Qt 开发框架

Qt 开发框架 (Qt development frameworks) 是一个跨平台的应用程序开发框
架, 可用于构建桌面、嵌入式和移动端的应用。Qt 为开发者提供了建立图形用户

界面所需的功能，可以用于开发 GUI 程序和非 GUI 程序。Qt 由 C++ 编写，通过一些特性如信号和槽函数等扩展了 C++ 语言，并提供其他语言的接口。Qt 的优点包括具有优良的跨平台特性、完全面向对象，以及丰富的 API 和大量的开发文档。Qt 有多种授权协议，分别是 Qt 自身的商业协议和 GPL、LGPL 开源协议，分别对应 Qt 的商业版本和开源版本。本书使用的是开源版本的 Qt 框架，在遵循开源协议的条件下，开发者可以利用 Qt 框架构建自己的应用程序。

7.3.2 数据库设计

系统用户在每次进行监测时会产生一个检测记录；系统以 1h 为间隔存储记录视频，每次检测产生多个视频记录；每次检测中可能会发生零次或者多次异常预警。在此基础上设计系统数据库，数据库的实体关系如图 7.8 所示。

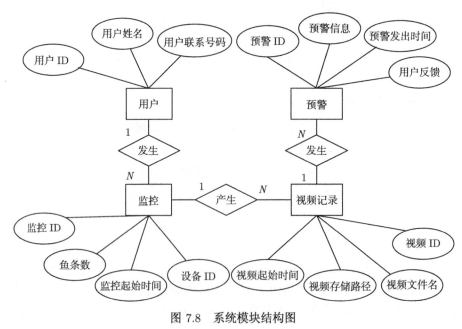

图 7.8 系统模块结构图

7.4 系统功能介绍

7.4.1 系统界面

运行水质监测系统程序后，单击"文件"→"打开摄像头"命令，进入如图 7.9 所示的界面。系统界面由菜单栏、工具栏、设置区域和显示区域四部分组成，功能分别如下。

(1) 菜单栏：包含系统具有的所有功能。由于进行了合理分类，在此区域用户可以方便地找到所需的功能。

(2) 工具栏：对菜单栏中的"文件"和"编辑"菜单中的子选项设置的快捷键。

(3) 设置区域：包括视频处理设置、节点设置、视频设置和监测设置。

(4) 显示区域：包括显示拍摄图像、数据处理过程中鱼类特征行为曲线图和预警报警信息等，帮助用户实时了解处理的进程和结果。

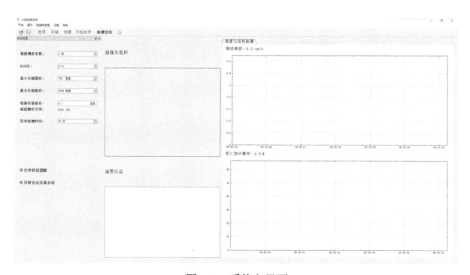

图 7.9　系统主界面

7.4.2　系统设置

系统设置是获得鱼行为特征参数的一个重要步骤，是对后续视频处理进行的一些准备工作，包括节点设置、视频设置和监测设置。

(1) 节点设置主要包括节点编号、节点名称和节点位置。在多台设备的情况下，会显示各个节点的位置和编号。

(2) 视频设置主要用于保存拍摄的视频文件，以在需要时把视频调出来进行分析。视频存储路径可以自行选择。此界面也会显示当前盘的剩余空间大小，当剩余空间小于某一阈值时，删除起初的视频文件。

(3) 监测设置用来设置异常持续时间内的速度，计算小于阈值的速度出现多少次，超过一定数次显示警报。"检测到异常发送短信提示"和"检测到异常收集水样"选项是确定发生警报时是否给用户发送短信提示，是否收集水样。设置完成后单击"确定"按钮保存设置，下次打开的起始设置参数会以上次设置的最终参数为基础。系统设置界面如图 7.10 所示。

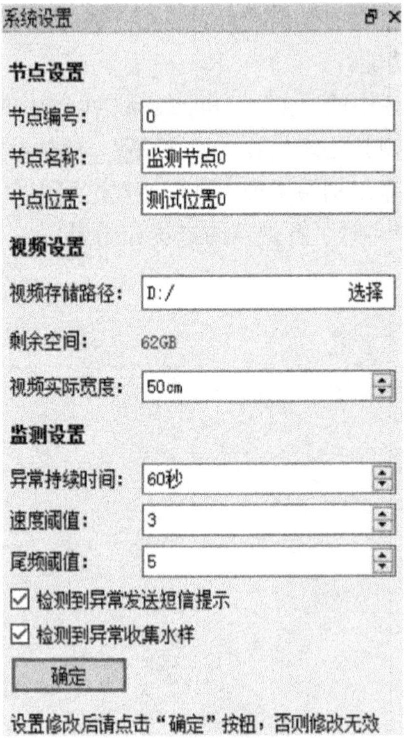

图 7.10　系统设置界面

1. 视频处理设置

视频处理设置 (图 7.11) 模块中，首先要对鱼的条数做出正确选择，这关系到

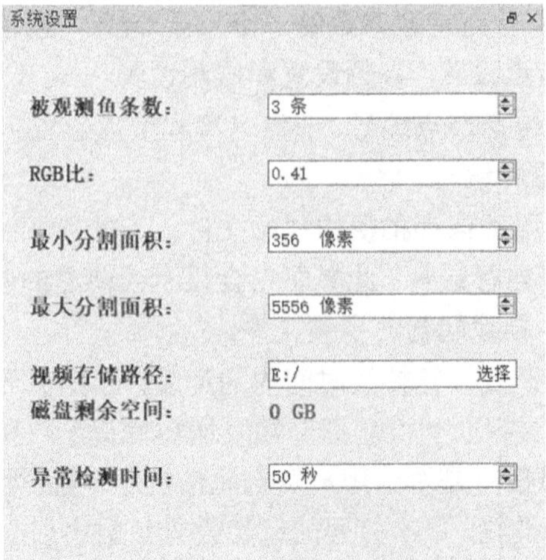

图 7.11　视频处理设置

视频处理中鱼的轮廓提取条数、参数计算情况。如果鱼的条数没有与实际鱼的条数相等，则会造成数据的错乱甚至整个程序失去意义。其次通过颜色分割阈值找到轮廓，此时会有一些噪声等干扰，还不能有效提取鱼的轮廓。于是，再通过鱼的面积分割阈值，可有效去除一些非鱼类噪声。因为图像处理中会有一些噪声出现，使轮廓提取不明确，出现很多噪声轮廓，这也是影响数据准确性的一大因素，所以设定一定的分割面积阈值有助于去除噪声干扰，准确提取轮廓。

2. 用户设置

此模块用来对系统用户管理表中的用户进行增加、删除和重置，当监测到报警信息时并发送短信时，所设置的用户都能收到短信消息，如图 7.12 所示。

图 7.12　用户设置

3. 串口选择设置

发送短信的设备和控制水泵取水的设备需要通过合适的串口线进行连接。因此，在第一次打开计算机运行水质监测系统时需要先测试 2 个串口的选择，以保证后面有报警信息时这两个设备可以运行。"系统串口设置" 界面如图 7.13 所示，"等待回应时间" 表示当发出信号以后等待一定秒数后取水装置才工作，这里设为 10秒；"测试取水时间" 表示取水装置工作取水的时间，如设为 1 秒。

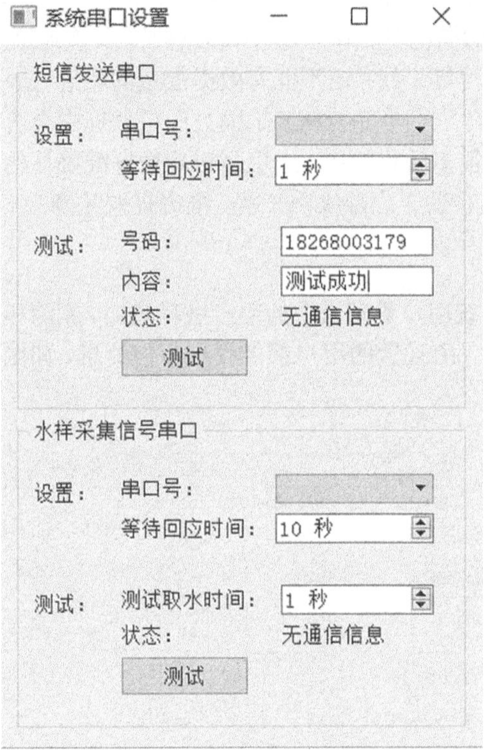

图 7.13   系统串口设置

4. 系统运行与数据查询

单击菜单栏"管理员"菜单的"编辑"选项，在给出的可选项中选择"开始记录"命令，开始记录保存拍摄视频或者开始保存读取视频文件。单击"结束处理"或者"主界面"按钮可保存开始记录到结束处理这段视频文件。对保存的视频文件，可以根据需要调取。想要找到视频存储目录，可以单击"数据库"→"数据库管理"命令进行查看。

数据统计功能主要用来统计各项参数总体的变化趋势，包括视频文件存储模块、预警信息模块、速度与尾频模块、群居半径模块和死亡监测模块。

5. 视频文件存储

此模块可用来对视频文件的存储进行编号，并展示存储路径和当前视频鱼的条数，以及视频保存的起始时间和结束时间，同时记录异常时间，如图 7.14 所示。

图 7.14 视频文件存储

6. 预警信息

此模块直接显示在主界面窗口，不需要单击任何选项就可以显示。当系统开始处理时，水质监测系统内部开始工作，如果有满足判断要求的条件，就会在预警信息窗口显示报警信息，如图 7.15 所示。此外，界面左上角的标签还可以显示目标鱼的速度、尾频和群聚半径等鱼群行为参数。

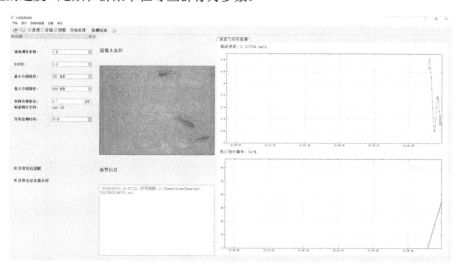

图 7.15 预警信息展示

7. 历史数据查看

系统监测信息记录在数据库中，可通过系统数据库记录界面实现对记录数据的管理。界面显示了系统数据库模块存储的视频文件列表，展示存储路径、视频鱼的条数、视频保存的起始时间和结束时间，同时记录异常发生的时间，如图 7.16 所示。

	warning ID	监测编号	视频编号	特征	异常起始时间	time end
1	1			1	2015-07-22 1...	2015-07-22 1...
2	2			1	2015-07-22 1...	2015-07-22 1...
3	3			1	2015-07-22 1...	2015-07-22 1...
4	4			1	2015-07-22 1...	2015-07-22 1...
5	5			1	2015-07-22 1...	2015-07-22 1...
6	6	1		1	2015-07-22 1...	2015-07-22 1...
7	7	1		1	2015-07-22 1...	2015-07-22 1...
8	8	1		1	2015-07-22 1...	2015-07-22 1...
9	9	1		1	2015-07-22 1...	2015-07-22 1...
10	10	1		1	2015-07-22 1...	2015-07-22 1...
11	11	1		1	2015-07-22 1...	2015-07-22 1...
12	12	1		1	2015-07-22 1...	2015-07-22 1...
13	13	1		1	2015-07-22 1...	2015-07-22 1...
14	14	1		1	2015-07-22 1...	2015-07-22 1...
15	15	1		1	2015-07-22 1...	2015-07-22 1...
16	16	1		1	2015-07-22 1...	2015-07-22 1...

图 7.16　视频文件存储信息

通过数据显示与视频播放模块的结合，可实现对历史数据的回看。双击"记录列表"的记录行，系统将自动打开该记录对应的视频和特征数据文件，显示"视频数据查看"界面，如图 7.17 所示。

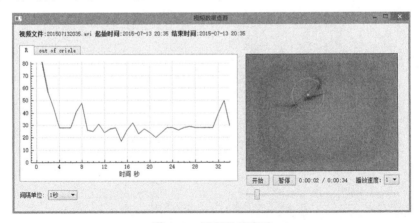

图 7.17　视频数据查看

7.5　小　　结

本章介绍了基于鱼类行为的水质在线监测系统设计。首先对系统的总体设计进行了详细描述，包括系统的整体架构、系统功能、硬件设备和流程等。接着对系统软件的设计进行了说明，包括软件各个模块的设计、数据库设计和用户界面等。此外，还描述了实现系统所需要的开发环境和各类开发工具。最后结合一个已经部署使用的监测系统介绍了它的主要功能。